Mäusebussard
Rauhfußbussard
Sperber
♂
Wespenbussard
♀
Habicht
Rotmilan
Schwarzmilan

juv.
adult
Steinadler
adult
juv.
adult
adult
Seeadler
juv.
adult
Fischadler
Beutestoß

kosmos Naturführer

Theodor Mebs

Greifvögel Europas

Biologie
Bestands-
verhältnisse
Bestandsgefährdung

Kosmos
Gesellschaft der
Naturfreunde
Franckh'sche Verlagshandlung
Stuttgart

Mit 120 Farbfotos von Adam, F. (S. 29), Bara, T. (S. 168, 169), Barbieri, G. (S. 158, 161, 182), Brandl, H. D. (S. 27, 119, 154), Cheylan, G. (S. 171 u), Czimmeck, I. (S. 42), Danegger, M. (S. 2/3, 35, 41, 77, 149), Danko, S. (S. 97, 143, 152), Fürst, H. (S. 31), Groß, R. (S. 37), Harms, D. (S. 75 u), Harvančik, S. (S. 33, 125, 137, 138), Kankel, J. (S. 69), Lammers, R. (S. 94, 95, 163), Limbrunner, A. (S. 4/5, 8/9, 11, 12, 13 o, 13 m, 13 u, 14 o, 14 u, 15, 16/17, 18, 19, 24/25, 39, 45, 47, 49, 53, 54/55, 59, 60, 62, 64, 65 li, 65 re, 72, 75 o, 79 u, 80, 81, 90, 101, 105, 109, 115, 127, 129, 130, 135, 140, 146, 153, 157, 159, 170, 171 o, 176, 178, 179 o, 179 u, 186, 187, 189, 190, 197), Meyburg, B.-U. (S. 123, 145 o, 145 u, 193 o, 193 u, 203, 206), Meyers, S. (S. 183), Quedens, G. (S. 67, 84, 85 o, 85 u), Reinichs, Chr. (S. 103), Sauer, F. (S. 165, 195, 201), Schrempp, H. (S. 113), Thielscher, E. (S. 76), Wothe, K. (S. 22/23, 110, 132, 133, 205), Zeininger, P. (S. 51, 71, 79 o, 89, 93, 99, 106, 121, 150, 175, 199) sowie 47 Schwarzweißzeichnungen von Hermann Kacher und 16 Schwarzweißzeichnungen und 4 Farbtafeln von Friedhelm Weick.

Umschlag Kaselow Design, München, unter Verwendung einer Aufnahme von Alfred Limbrunner. Das Bild zeigt das Porträt eines Habichts (*Accipiter gentilis*).

CIP-Titelaufnahme der Deutschen Bibliothek

Mebs, Theodor:
Greifvögel Europas : Biologie – Bestandsverhältnisse – Bestandsgefährdung / Theodor Mebs. – Stuttgart : Franckh, 1989
(Kosmos-Naturführer)
ISBN 3-440-05990-1

Franckh'sche Verlagshandlung, W. Keller & Co., Stuttgart / 1989

L 14 Pl / ISBN 3-440-05990-1
Printed in Germany / Imprimé en Allemagne
Satz: G. Müller, Heilbronn
Reproduktion: G. Schmid, Stuttgart
Herstellung: Neue Stalling, Oldenburg

Greifvögel Europas

Zu diesem Buch

Als ich im Jahr 1964 den Kosmos-Naturführer „Greifvögel Europas und die Grundzüge der Falknerei" verfaßt habe, stand es nicht gut um die Greifvögel. Damals durften einige Arten in bestimmten Zeiträumen des Jahres noch bejagt werden. Inzwischen haben sämtliche Greifvögel in den meisten europäischen Ländern ganzjährige Schonzeit. Man hat erkannt, daß die Greifvögel wichtige Glieder der Lebensgemeinschaften sind und gleichzeitig als sogenannte „Bioindikatoren" Rückschlüsse ermöglichen auf den Zustand unserer Umwelt.

Beispielsweise war der Wanderfalke zwischen 1965 und 1975 in Mitteleuropa unmittelbar vom Aussterben bedroht, und es bestand kaum noch Hoffnung, ihn zu retten. Denn innerhalb von nur zwei Jahrzehnten hatte sein Bestand sowohl in Europa als auch in Nordamerika um rund 90% abgenommen. Hauptursache war die Belastung mit Bioziden (z.B. chlorierte Kohlenwasserstoffe wie DDT, Dieldrin und HCB), die zur Insektenbekämpfung bzw. Saatgutbeize eingesetzt wurden. Die Gefährlichkeit dieser Stoffe wurde erstmals in vollem Umfang erkannt, als intensive Untersuchungen über die Ursachen des katastrophalen Bestandsrückganges beim Wanderfalken durchgeführt wurden. Dies hat entscheidend dazu beigetragen, daß die Anwendung dieser Biozide inzwischen in fast allen europäischen Ländern verboten ist. Seitdem geht es mit dem Wanderfalken wieder aufwärts. Auch der Bestand des Sperbers, der infolge der Biozidbelastung ebenfalls sehr stark zurückgegangen war, konnte sich wieder erholen. Das Beispiel dieser beiden Arten gibt neue Hoffnung.

Angesichts der immer noch zunehmenden Bedrohung der gesamten Schöpfung durch Gifte und Strahlen verschiedenster Art (erwiesene und noch unerforschte) sowie durch rücksichtslose Ausbeutung der Natur ist es heute die bedeutendste Aufgabe für alle Menschen, diesen Bedrohungen entgegenzuwirken und zur Erhaltung der Natur beizutragen. Denn sie ist unsere eigene, mit allen Geschöpfen gemeinsame Lebensgrundlage.

Unter diesem Aspekt habe ich die „Greifvögel Europas" völlig neu bearbeitet. Die „Grundzüge der Beizjagd" wurden weggelassen, um statt dessen die Biologie der europäischen Greifvogelarten, ihre Bestandsverhältnisse und -gefährdungen ausführlicher darstellen zu können.

Inzwischen gibt es sowohl auf regionaler als auch auf internationaler Ebene viele Arbeitsgruppen, die sich aktiv um die Erforschung und den Schutz von Greifvögeln bemühen. Diese Arbeit zu verstärken ist das Hauptziel dieses Kosmos-Naturführers.

Ich danke allen, die bei der Neugestaltung mitgewirkt haben: dem Verlag, den Foto-Autoren und den Zeichnern für die sehr schöne und reiche Illustration dieses Buches, ebenso mehreren Kollegen und Freunden für die Mitteilung aktueller Bestandszahlen.

Möge dieses Buch den Greifvögeln viele neue Freunde gewinnen und zur Verstärkung der Schutzbemühungen beitragen!

Bochum 1988 Dr. Theodor Mebs

Einführung

Greifvögel haben den Menschen von jeher fasziniert, vor allem durch den besonders eindrucksvollen Anblick, den sie im Fluge bieten. Als „Herrscher der Lüfte“ wurde der Adler zum Symbol der Macht auf Wappen und Hoheitszeichen. Über die Jagd mit Falken hat der Hohenstauferkaiser FRIEDRICH II. sein berühmtes, noch heute gültiges Buch „De arte venandi cum avibus“ („Über die Kunst, mit Vögeln zu jagen“) geschrieben. An vielen Fürstenhöfen spielte die Beizjagd vom Mittelalter bis in die Neuzeit hinein eine bedeutende Rolle als gesellschaftliches und sportliches Vergnügen, weniger wegen der Beute. Falken dienten als Geschenke auch diplomatischen Beziehungen. Damals wirkte es sich als Schutz für die Greifvögel aus, daß sich die Herrschenden den Zugriff auf diese Tiere selbst vorbehielten.
Mit der Entwicklung der Schußwaffen, die eine einfachere Bejagung des Niederwildes ermöglicht und dessen Verminderung bewirkt hat, bahnte sich jedoch im 18. und 19. Jahrhundert eine verhängnisvolle Entwicklung an: Greifvögel wurden als Konkurrenten betrachtet und als „Raubvögel“ mit allen Mitteln bekämpft, abgeschossen oder in Fallen gefangen. Dabei bildete die Zahlung von Prämien für die abgelieferten Fänge einen erheblichen Anreiz. Dieser Vernichtungskrieg gegen Greifvögel hat dazu geführt, daß Brutvorkommen von Adlerarten Mitte bis Ende des vorigen Jahrhunderts in großen Teilen Mitteleuropas völlig erloschen sind. Aber auch alle anderen Greifvogelarten wurden sehr stark dezimiert.
Noch in den 50er und 60er Jahren dieses Jahrhunderts wurden – allein in der BRD – alljährlich Tausende von Greifvögeln erlegt, da einige Arten (Habicht, Sperber, Mäusebussard, Rauhfußbussard, Rohrweihe und Fischadler) noch regulär bejagt werden durften.
Im gleichen Zeitraum sind durch den stark angestiegenen Einsatz von hochgiftigen Pflanzenschutzmitteln und anderen Chemikalien weitere erhebliche Gefährdungsursachen hinzugekommen: die Belastungen mit Bioziden und Umweltgiften. Dadurch wurden einige Greifvogelarten, die als Endglieder der Nahrungskette hiervon besonders betroffen waren, an den Rand des Aussterbens gebracht, vor allem der Wanderfalke, der Sperber und der Seeadler.
Erst im Laufe der 70er Jahre kam in der BRD die ganzjährige Schonzeit für alle Greifvögel. Man hat erkannt, daß diese Tiere eine wichtige Rolle innerhalb der Lebensgemeinschaften spielen, indem sie im Sinne der natürlichen Auslese wirken. Diese Einsicht hat sich auch beim größeren Teil der Jägerschaft durchgesetzt.
Infolge der jagdlichen Schonung und des Verbots der Anwendung bestimmter Biozide sowie dank der aktiven Schutzbemühungen für stark gefährdete Greifvögel konnten sich die Bestände einiger Arten wieder erholen. Aber es sind weitere Anstrengungen nötig, um auch die Bestände der noch immer gefährdeten Arten zu erhalten. Dazu ist vor allem die großflächige Sicherung der Lebensräume erforderlich sowie nicht nachlassende Wachsamkeit gegenüber Schädigungen durch Umweltgifte.

Das Leben der Greifvögel

Greifvögel sind in rund 290 verschiedenen Arten über die ganze Welt verbreitet, jedoch in sehr ungleicher Verteilung. Die weit überwiegende Zahl der Arten (ca. 220) lebt in den tropischen Savannen und Regenwäldern, während z. B. in der arktischen Tundra nur 4 Arten brüten. In Europa kommen 38 Arten als Brutvögel vor.

Gesichtspunkte der Systematik

Aufgrund von Unterschieden im Körperbau und in der Lebensweise trennt die zoologische Systematik die Falken (Falconiformes) als eigene Ordnung von den übrigen Greifvögeln (Accipitriformes). Außerdem bilden auch die Neuweltgeier (Cathartiformes), die in Mittel- und Südamerika leben, eine eigene Ordnung. Die Falken unterscheiden sich in folgenden Punkten von den übrigen Greifvögeln:

– An der Kante des Oberschnabels befindet sich beiderseits ein spitzer Vorsprung, der sogenannte „Falkenzahn", dem eine Einkerbung im Unterschnabel entspricht. Dadurch sind die Falken befähigt, ihre Beutetiere durch Biß in den Nacken (Durchtrennen der Halswirbel) zu töten.

– Das Nasenloch ist rund mit einem in der Mitte hervorragenden Zäpfchen, während bei den übrigen Greifvögeln das Nasenloch oval oder schlitzförmig ist.

– Falken bauen grundsätzlich kein Nest, sondern legen ihre gelblich- bis rötlichbraunen Eier auf die vorgefundene Unterlage, z. B. in ein altes Nest einer anderen Vogelart, auf ein Felsband oder in eine Höhlung.

– Die Mauser der Handschwingen des Flügels verläuft bei den Falken in anderer Reihenfolge als bei den übrigen Greifvögeln.

Im Gegensatz zu den Falken töten die übrigen Greifvögel ihre Beutetiere durch kräftigen Griff mit den spitzen Krallen ihrer Fänge. Nur die Geier, die sich von bereits toten Tieren ernähren, haben ziemlich stumpfe Krallen. Der Schnabel hat scharfe Schneidekanten, so daß Fleischstückchen aus der Beute herausgeschnitten und Sehnen durchtrennt werden können. Die großen Geier sind mit ihrem kräftigen Schnabel imstande, die dicke Haut von Kadavern aufzureißen.

Geschlechtsdimorphismus

Bei den meisten Greifvogelarten ist das Weibchen größer und schwerer als das Männchen, bei einigen Arten wenig, bei anderen Arten mehr. Dies hängt wohl hauptsächlich mit der Arbeitsteilung bei der Fortpflanzung zusammen: Das Weibchen hält sich schon einige Wochen vor Beginn der Eiablage ständig im Horstbereich auf und wird vom Männchen mit Nahrung versorgt. Es hat dann entsprechende Fettreserven, um Eier zu legen und auszubrüten sowie die kleinen Jungen zu betreuen. Das kleinere und leichtere Männchen, das für die Ernährung des Weibchens und anschließend auch der kleinen Jungen zu sorgen hat, muß deshalb ein möglichst erfolgreicher Jäger sein. Am ausgeprägtesten ist der Größen- und Gewichtsunterschied der Geschlechter bei denjenigen Greifvogelarten, die vorwiegend oder ausschließlich fliegende Vögel erbeuten, nämlich bei Wanderfalke, Habicht und Sperber. Bei letzterem hat das Weibchen in der Brutzeit etwa das doppelte Gewicht des Männchens.

Schnabel eines Turmfalken mit dem „Falkenzahn“ an der Kante des Oberschnabels und entsprechender Einkerbung im Unterschnabel. Beachte auch das runde Nasenloch mit dem hervorragenden Zäpfchen.

Lebensräume

Grundsätzlich muß der Lebensraum ausreichend Nahrung und geeignete Brutplätze bieten. Hinsichtlich der Nahrung ist deren Erreichbarkeit von entscheidender Bedeutung; es kommt darauf an, daß die vorhandenen Beutetiere erfolgreich bejagt werden können. Insofern kann z.B. die Höhe der Vegetation bzw. die Höhe einer geschlossenen Schneedecke eine maßgebliche Rolle spielen. Während die meisten Greifvogelarten zum Jagen auf offenes Gelände angewiesen sind, brauchen einige andere Arten (z.B. Habicht und Sperber) eine deckungsreiche Landschaft, um sich ungesehen anpirschen und den Überraschungseffekt nutzen zu können. Bei der Brutplatzwahl sind manche Arten recht anpassungsfähig, während andere Arten besondere Ansprüche stellen.

Siedlungsdichte und Reviergröße

Die Siedlungsdichte ist abhängig von der Qualität des Lebensraumes und von der Höhe des erreichbaren Nahrungsangebotes. Gemäß den Bestandsschwankungen der Hauptbeutetierarten (z.B. Wühlmäuse) zeigt die Siedlungsdichte (z.B. bei Mäusebussard und Turmfalke) im Verlauf mehrerer Jahre entsprechende Schwankungen. Hierbei ist auch zu berücksichtigen, daß bei Nahrungsknappheit ein Teil der Paare gar nicht zur Brut schreitet.
Als Revier im eigentlichen Sinn wird das Territorium bezeichnet, das gegen Artgenossen verteidigt wird. Oft

handelt es sich hierbei nur um den Horstbereich. Manche Arten sind jedoch sehr territorial und vertreiben Artgenossen auch in größerer Entfernung vom Horst. Andere Arten leben gesellig und brüten z.T. sogar kolonieweise in enger Nachbarschaft.
In jedem Fall muß die Lebensraumfläche, die einem Paar als Jagdgebiet zur Verfügung steht, groß genug sein, um ausreichend Nahrung für eine erfolgreiche Jungenaufzucht zu gewährleisten. Dabei können die Jagdgebiete benachbarter Paare sich teilweise überlappen bzw. bei Koloniebrütern die gleichen Flächen sein.

Jagdweise und Ernährung

Die optimalen Anpassungen der verschiedenen Greifvogelarten an ihre Umwelt kommen bei der Flug- und Jagdweise, die dem Nahrungserwerb

Dem scharfen Auge des Habichts entgeht keine Bewegung.

Drei Etappen des erfolgreichen Jagdfluges eines Turmfalken-Weibchens auf eine Maus.

dient, besonders deutlich zur Geltung. Alle Greifvögel besitzen ein ausgezeichnetes Sehvermögen und können ihre Beute auch aus größerer Entfernung entdecken. Bei einigen Arten, z.B. bei den Weihen, ist auch das Hörvermögen gut entwickelt, so daß sie Beutetiere auch in dichter Vegetation aufgrund von Lautäußerungen lokalisieren können.
Die Geier- und Adlerarten, die im Segelflug große Gebiete nach Nahrung absuchen und dabei die Aufwinde der Thermik nutzen, haben sehr lange und breite Flügel, mit denen sie

zum Segelflug besonders gut befähigt sind.
Demgegenüber sind bei den Falken, die im freien Luftraum auf fliegende Vögel oder Insekten jagen, die langen Flügel schmal und spitz. Sie jagen ihre Beutetiere z. T. auf große Entfernung an (als „Langstreckenjäger") und können dabei enorme Geschwindigkeit entwickeln, vor allem im Schräg- oder Steilstoß aus großer Höhe.
Die sogenannten „Kurzstreckenjäger" der deckungsreichen Landschaft, nämlich Habicht und Sperber, sind mit relativ kurzen und breiten Flügeln sowie langem Schwanz zu sehr wendigem Flug befähigt und können vom Start weg auf kurzen Strecken hohe Geschwindigkeit entwickeln.
Besonders zu erwähnen ist hier auch die optimale Anpassung des Fischadlers an seinen Nahrungserwerb (ausschließlich Fische) sowohl im Körperbau als auch in der Jagdweise, was bei der Artbeschreibung ausführlich dargestellt wird.
Während manche Greifvogelarten in ihrer Ernährung ziemlich eng spezia-

Als „Grifftöter" hat der Habicht einen „Reißhaken-Schneideschnabel" (nach H. Brüll), mit dem er Fleischstückchen aus der Beute herausschneiden kann.

Hier ist die scharfe Schneidekante am Oberschnabel des Habichts deutlich zu sehen.

Der Fuß des Fischadlers ist mit stachelartigen Schuppen auf den Zehensohlen und mit stark gekrümmten, spitzen Krallen sehr gut an das Festhalten von glitschigen Fischen angepaßt.

Der Fischadler erbeutet fast ausschließlich Fische (mit durchschnittlich etwa 300 g Gewicht).

lisiert sind (z.B. der Fischadler), haben die meisten Arten ein recht breites Beutespektrum, das sie je nach den örtlichen und jahreszeitlichen Gegebenheiten zu nutzen vermögen. In der Regel bilden diejenigen Tierarten einer bestimmten Größenklasse die Hauptbeute, die gerade besonders häufig vorkommen.

Fortpflanzung

Bei den großen Arten wird die Geschlechtsreife erst im Alter von mehreren Jahren erreicht, während kleinere Arten z.T. schon gegen Ende des ersten Lebensjahres fortpflanzungsfähig sind. Balz und Paarbildung vollziehen sich unter häufigen Lautäußerungen und mit eindrucksvollen Balzflügen, wobei die Vögel hoch am Himmel kreisen, steil herunterstürzen und wieder aufsteilen sowie spielerisch aufeinander stoßen. Der Horst wird teils auf Bäumen, teils in Felswänden, teils am Erdboden erbaut, abgesehen von den Falken (siehe S.10).

Bei den meisten Arten findet Arbeitsteilung statt, indem das größere und schwerere Weibchen Eier legt und ausbrütet sowie die kleinen Jungen betreut, während das Männchen die Nahrung für die ganze Familie erjagt und herbeiträgt.

In diesem Zusammenhang ist es besonders bemerkenswert, daß bei manchen Arten ein Männchen gleichzeitig mit mehreren Weibchen verpaart sein kann, was im Sinne der Arterhaltung und unter Ausnutzung eines reichen Beuteangebotes offenbar Vorteile bringt, z.B. bei der Kornweihe (siehe dort!).

Alle jungen Greifvögel sind ausgesprochene Nesthocker, die z.T. sehr lange Zeit brauchen, bis sie flugfähig sind. Sie tragen zunächst das erste Dunenkleid, das in der Regel rein weiß ist und aus den dunig umgewandelten Spitzen der Konturfedern besteht. Nach gewisser Zeit wird es von dem meist grauen zweiten Dunen-

kleid abgelöst, das aus den primären Pelzdunen besteht und die hervorsprießenden Konturfedern so lange verdeckt, bis diese länger geworden sind.
In den ersten Lebenstagen werden die kleinen Jungen von der Mutter gehudert und warm gehalten, später ständig bewacht. Das Männchen schafft die Nahrung herbei, die vom Weibchen in kleinen Bissen an die Jungen verteilt wird. Bei Nahrungsknappheit kommt häufig das kleinste Junge zu kurz und geht zugrunde. Erst wenn die Jungen groß genug sind, um die zugetragene Beute selbständig fressen zu können, lockert sich die feste Bindung des Weibchens an den

Turmfalken-Gelege in einem alten Krähennest.

Horst, und schließlich beteiligt es sich auch am Nahrungserwerb für die Jungen.

Mit dem Wachsen des Gefieders üben die Jungen immer häufiger ihre Schwingen, bis sie dann als „Ästlinge“ am Horstrand stehen und ihren ersten Ausflug wagen. In der anschließenden „Bettelflugperiode“ veranlassen sie ihre Elterntiere durch häufige Bettelrufe zum Bringen von Beute, fliegen den Altvögeln entgegen oder hinterher und betteln ihnen die Beute ab, bis sie schließlich durch wachsende Übung in der Lage sind, auch selbständig Beute zu schlagen.

Große Arten wie Geier und Adler ziehen meist nur ein Junges auf – und nicht jedes Jahr –, während kleine Arten (z. B. Sperber oder Turmfalke) aus einer Brut 5–6 Junge zum Ausfliegen bringen können.

Die Fortpflanzungsrate (= Durchschnittszahl der flüggen Jungen pro Paar und Jahr) ist – in Abhängigkeit von Nahrungsangebot, Siedlungsdichte und Bruterfolg – ein wichtiger Maßstab für die Situation und Bestandsentwicklung einer Population. Über einen mehrjährigen Zeitraum hinweg muß die Fortpflanzungsrate im Mittel groß genug sein, damit ausreichend viele Jungvögel das fortpflanzungsfähige Alter erreichen und die Lücken im Altvogelbestand immer wieder geschlossen werden. Im Zusammenhang damit sind die von der Dichte abhängigen Sterblichkeitsraten in den einzelnen Altersklassen – vor und nach dem Erreichen der Fortpflanzungsfähigkeit – von entscheidender Bedeutung.

Wanderungen

Während einige Greifvogelarten – jedenfalls die Altvögel – ausgesproche-

Mäusebussard-Nestlinge (wenige Tage alt, noch mit Eizahn auf dem Oberschnabel).

ne Standvögel sind, die auch in den nördlichsten Gebieten Europas den Winter über im Brutgebiet verbleiben (z. B. Steinadler, Gerfalke, Habicht), sind mehrere andere Arten ausgesprochene Zugvögel, die auch aus den klimatisch milderen Gebieten Südeuropas im Herbst abziehen, um in Afrika zu überwintern. Solche ausgesprochenen Zugvögel sind z. B. Wespenbussard, Baumfalke, Wiesenweihe, Fischadler, Schreiadler, Rötelfalke, Rotfußfalke, Schlangenadler, Zwergadler, Eleonorenfalke.
Jedoch kann es auch innerhalb der gleichen Art unterschiedliches Wanderungsverhalten geben, indem die nordeuropäischen Populationen Zugvögel sind, während die südeuropäischen Populationen Standvögel sind. Es kommt aber hinzu, daß bei allen Arten die Jungvögel nach dem Selbständigwerden aus dem elterlichen Revier in alle möglichen Richtungen verstreichen. Dieser ungerichtete Jugendstrich kann dann im Herbst zum Teil in gerichteten Zug übergehen.
Sehr auffällig sind die Wanderungen derjenigen Greifvogelarten, die im Segel- und Gleitflug ziehen, wobei sie von den Aufwinden der Thermik abhängig sind. Mit deren Hilfe kreisen sie in die Höhe und gleiten dann in Zugrichtung abwärts bis zur nächsten Stelle, an der Thermik herrscht. Weil es über dem Meer keine Thermik gibt, meiden sie die Überquerung des Mittelmeeres bzw. des Schwarzen Meeres und konzentrieren ihren Zug an den Landbrücken bei Gibraltar und am Bosporus. Die Tabelle zeigt in anschaulicher Weise, welche beachtlichen Anzahlen von Greifvögeln an diesen beiden Konzentrationspunkten durchziehen.

Herbst-Durchzug von Greifvögeln bei Gibraltar und am Bosporus
(Maximalzahlen der beobachteten Greifvögel pro Saison in den 70er Jahren.
Quelle: GENSBØL, B. & W. THIEDE (1986): Greifvögel. – BLV Verlagsgesellschaft, München, Wien, Zürich)

Art	bei Gibraltar	am Bosporus
Wespenbussard (*Pernis apivorus*)	114000	23600
Schwarzmilan (*Milvus migrans*)	39000	2730
Mäusebussard (*Buteo buteo*)	2800	32900
Schreiadler (*Aquila pomarina*)	–	17200
Zwergadler (*Hieraaëtus pennatus*)	15140	550
Schlangenadler (*Circaëtus gallicus*)	9000	2340
Kurzfangsperber (*Accipiter brevipes*)	–	7200
Schmutzgeier (*Neophron percnopterus*)	4000	600
Wiesenweihe (*Circus pygargus*)	1700	10
Sperber (*Accipiter nisus*)	950	500
Turmfalke (*Falco tinnunculus*)	1200	25
Gänsegeier (*Gyps fulvus*)	420	200
Rötelfalke (*Falco naumanni*)	550	–
Rohrweihe (*Circus aeruginosus*)	350	10
Baumfalke (*Falco subbuteo*)	220	125
Rotfußfalke (*Falco vespertinus*)	–	250
Kornweihe (*Circus cyaneus*)	110	10
Rotmilan (*Milvus milvus*)	100	10
Fischadler (*Pandion haliaëtus*)	60	10
Kaiseradler (*Aquila heliaca*)	–	20
Schelladler (*Aquila clanga*)	–	20
	189600	88310

Greifvogelschutz

Die Grundvoraussetzung für einen effektiven Greifvogelschutz ist die Kenntnis der Bestandssituation der einzelnen Arten.

Deshalb sind zunächst **Bestandsaufnahmen und Datensammlungen** erforderlich.

Auf möglichst großen Untersuchungsflächen (mindestens 100 km^2) müssen über mehrere Jahre hinweg – am besten in Gruppen-Arbeit – folgende Untersuchungen durchgeführt werden:

- Kartierung der Brutplätze
- Kontrolle des Bruterfolgs und Feststellung der Anzahlen ausgeflogener Jungvögel
- nach Möglichkeit Erfassung des Nichtbrüter-Anteils, der Nahrungsbasis und der Verlustursachen.

Der Vergleich der gewonnenen Daten ermöglicht eine realistische Einschätzung der Bestandssituation und -entwicklung.

Bei bestandsgefährdeten Arten sind **aktive Schutzmaßnahmen** angebracht. Hierzu einige Beispiele:

1.) Zum Schutz von Brutplätzen des Fischadlers und des Seeadlers wurden in der DDR Horstschutzzonen mit einem Radius von 300 m um jeden Horst eingerichtet. Dort dürfen forstliche Arbeiten nur im Zeitraum vom 1. 9.–31. 12. und Jagdausübung nur im Zeitraum vom 16. 7.–31. 1. stattfinden. Außerdem ist durch Wegesperren gewährleistet, daß in den Brutrevieren keine Störungen durch Spaziergänger geschehen.

2.) Durch die „Projektgruppe Seeadlerschutz" in Schleswig-Holstein sowie durch die „Arbeitsgemeinschaft Wanderfalkenschutz in Baden-Württemberg" werden mit vielen freiwilligen Helfern seit Jahren die beflogenen Horste während der Brut- und Aufzuchtperiode rund um die Uhr bewacht, gegen Störungen durch Menschen und um den Raub von Eiern oder Jungen zu verhindern. Ähnliche Horstbewachungsaktionen laufen auch in anderen Ländern mit gutem Erfolg. Die Bewachung von Fischadlerhorsten in Schottland wird z.T. finanziert mit den Eintrittsgeldern der vielen Besucher, die von Beobachtungsständen aus – in angemessener Entfernung – mit starken Spektiven die Fischadler am Horst beobachten können.

3.) Die „Arbeitsgemeinschaft Wanderfalkenschutz in Baden-Württemberg" bemüht sich neben der Bewachung gleichzeitig darum, sichere Brutplätze zu schaffen, indem in abgelegenen Felswänden entsprechend große Nischen und Höhlen herausgemeißelt werden. Andernorts hat man für Wanderfalken geeignete Brutkästen an Steinbruchwänden oder hohen Gebäuden angebracht. Viele Plätze wurden angenommen und hatten erfolgreiche Bruten.

4.) Bei Fischadlern hat sich das Anbringen von künstlichen Horstplattformen sehr positiv ausgewirkt. Der Bruterfolg in Kunsthorsten ist deutlich größer als in natürlichen Nestern, weil letztere nicht selten abstürzen.

5.) Bei einigen Greifvogelarten laufen Wiedereinbürgerungsprogramme in Ländern, in denen diese Arten bereits ausgestorben waren:

- Seeadler in Schottland
- Gänsegeier in den Cevennen (Frankreich)
- Bartgeier in den Hohen Tauern

(Österreich) und in Hochsavoyen (Frankreich)

Die bisherigen Ergebnisse dieser Aktionen sehen recht erfolgversprechend aus.

Ein ganz wesentlicher Punkt bei all diesen Bemühungen ist eine entsprechende **Öffentlichkeitsarbeit.**
Durch Information und Aufklärung, Werbung um Verständnis und Erziehung zum Greifvogelschutz werden äußerst wichtige Beiträge geleistet. Gleichzeitig wird damit auch eine Einschränkung menschlicher Störungen erreicht und die Verfolgung von illegalen Eingriffen zu einem Anliegen der Öffentlichkeit gemacht. Nur mit intensiver Öffentlichkeitsarbeit kann die Grundlage für weitergehende Zielsetzungen geschaffen werden, wie die Ausweisung größerer Areale als Schutzgebiete. Zum Beispiel ist gegenwärtig einer der Hauptlebensräume des hochgradig bestandsgefährdeten Mönchsgeiers und anderer Greifvogelarten in Spanien, nämlich ein großflächiges Gebiet, das bisher als extensives Weideland genutzt wurde, durch die Einrichtung eines militärischen Übungsgeländes bedroht. Diesen Plan zu verhindern und statt dessen ein großflächiges Schutzgebiet für Greifvögel zu begründen, muß die Forderung einer breiten Öffentlichkeit werden.

Greifvögel kennenlernen – aber wie?

Wer Greifvögel näher kennenlernen will, sollte eine gute optische Ausrüstung haben, d. h. ein Fernglas mit 8- oder 10facher Vergrößerung. Um fliegende Greifvögel mit dem Fernglas schnell erfassen zu können und nicht gleich wieder aus dem Blickfeld zu verlieren, darf die Vergrößerung des Fernglases nicht zu stark sein. Lediglich bei der Beobachtung eines sitzenden Greifvogels oder eines Horstes aus größerer Entfernung – ohne zu stören – kann auch ein Spektiv mit starker Vergrößerung sehr nützlich sein.

Eine Grundvoraussetzung ist die Kenntnis der Flugbilder der einzelnen Arten (siehe die entsprechenden Abbildungen) sowie der Unterscheidungsmerkmale zu anderen, ähnlichen Arten. Diese werden bei den Artbeschreibungen unter der Rubrik „Kennzeichen" näher erläutert. Bei häufigerem Beobachten lernt man, auf welche Details zu achten ist, kennt die charakteristischen Flugweisen und kann dann oft schon auf größere Entfernung erkennen, um welche Greifvogelart es sich handelt. Allerdings gibt es bei den Jungvögeln ähnlicher Arten und vor allem bei den immaturen (noch nicht geschlechtsreifen) Vögeln, die sich in Übergangsstadien zwischen Jugend- und Alterskleid befinden, mitunter erhebliche Bestimmungsschwierigkeiten. Hierbei können natürlich auch die Entfernung und die Beleuchtungsverhältnisse eine ungünstige Rolle spielen.

Um einzelne Greifvogelarten kennenlernen zu können, muß man deren Verbreitung, Vorkommen und Lebensraumansprüche berücksichtigen. Nur dann hat man gewisse Aussicht auf Erfolg. Generell empfiehlt es sich, Beobachtungsorte zu wählen, von denen aus man einen guten Überblick hat. Besonders günstige Zeiten zur Beobachtung sind die Balzzeit im Frühjahr sowie die Zeit der Bettelflugperiode nach dem Ausfliegen der Jungen.

Außerdem kann man Greifvögel sehr gut während der Zugzeiten im Herbst und Frühjahr beobachten, vor allem an Stellen, an denen Konzentrationen des Durchzugs stattfinden. Bei den Arten, die gern im Segel- und Gleitflug ziehen und dabei die Aufwinde der Thermik nutzen, ist dies an Berghängen und Meeresengen der Fall. In besonders eindrucksvoller Weise ist der Greifvogelzug bei Gibraltar und am Bosporus zu beobachten.

Die europäischen
Greifvögel
in Wort und Bild

Im folgenden werden alle 38 Greifvogelarten, die in Europa als Brutvögel vorkommen, ausführlich in Wort und Bild vorgestellt. Um das Kennenlernen zu erleichtern, wurde die Reihenfolge der Arten nach dem Grad ihrer Häufigkeit in Mitteleuropa festgelegt, indem

- zunächst die Arten behandelt werden, die in Mitteleuropa als Brutvögel oder regelmäßige Gäste vorkommen, nämlich

mehr oder weniger häufig

Mäusebussard
Turmfalke
Sperber
Habicht

spärlich

Wespenbussard
Rohrweihe
Baumfalke
Rotmilan
Schwarzmilan
Kornweihe
Rauhfußbussard
Merlin

selten

Wanderfalke
Wiesenweihe
Steinadler
Seeadler
Fischadler
Schreiadler

sehr selten

Rotfußfalke
Rötelfalke
Saker
Schlangenadler
Kaiseradler
Schelladler
Zwergadler
Gänsegeier

- danach die Arten, die in Mitteleuropa nur ausnahmsweise oder gar nicht zu beobachten sind, nämlich

Gerfalke
Steppenweihe
Habichtsadler
Schmutzgeier
Mönchsgeier
Bartgeier
Adlerbussard
Kurzfangsperber
Steppenadler
Eleonorenfalke
Lanner
Gleitaar

Die zu Beginn jeder Artbeschreibung angegebenen Maße und Gewichte beziehen sich auf mitteleuropäische Vögel, sofern die betreffende Greifvogelart in Mitteleuropa als Brutvogel vorkommt, andernfalls auf europäische Vögel.

Es bedeuten:

Länge: Gesamtlänge des Vogels, vom Schnabel bis zur Schwanzspitze gemessen;

Spannweite: bei ausgestreckten Flügeln von Flügelspitze zu Flügelspitze gemessen.

Symbole: ♂ = Männchen
♀ = Weibchen

Im beschreibenden Text wird zunächst das Vorkommen in Mitteleuropa dargestellt, speziell zur Orientierung hinsichtlich der Beobachtungsmöglichkeiten.

Es folgen die Kennzeichen und Unterscheidungsmerkmale in Flug, Verhalten und Gefiederfärbung, danach die Beschreibung der Stimme.

Nach der Skizzierung der allgemeinen Verbreitung folgen Angaben über den Lebensraum, die Siedlungsdichte und Reviergröße, sowie die Jagdweise und Ernährung.

Das Kapitel Fortpflanzung enthält Daten zur Geschlechtsreife und Paarbildung, Balz und Brutplatz, zum Legebeginn und zur Gelegegröße (mit Durchschnittsmaßen von Länge × Breite sowie Frischvollgewicht der Eier), zum Legeabstand und Brutbeginn, zur Brutdauer (Zeitraum der Bebrütung eines einzelnen Eies vom Bebrütungsbeginn bis zum Schlüpfen des Jungen) und zur Nestlingsdauer (Zeitraum vom Schlüpfen bis zum Ausfliegen) sowie zur Fortpflanzungsrate (Durchschnittszahl der flüggen Jungen pro Paar und Jahr).

Angaben über Sterblichkeit und Höchstalter, sowie über Wanderungen (Zug und Winterquartiere, Zeiträume des Wegzugs und der Heimkehr ins Brutgebiet) runden das Bild über die Biologie der einzelnen Arten ab.

Besonderer Wert wurde auf die Darstellung der Bestandsverhältnisse in Europa (neueste Daten, Quellen der Bestandsverhältnisse werden am Schluß des Buches genannt) sowie der Bestandsgefährdung gelegt.

Am Ende jeder Artbeschreibung wird spezielle Literatur angegeben, um dem interessierten Leser noch eingehendere Informationen zu ermöglichen.

Jede beschriebene Art wird zudem noch mit verschiedenen Farbfotos und Zeichnungen (Stand- und Flugbilder) vorgestellt.

Mäusebussard
Buteo buteo

Länge: 51–56 cm
Spannweite: 121–136 cm
Gewicht: ♂ 600–900 g
♀ 800–1200 g

▲ Vorkommen in Mitteleuropa: Der Mäusebussard ist in Mitteleuropa mit Abstand der häufigste Greifvogel, sowohl im Sommer- als auch im Winterhalbjahr. Dies hängt sicher damit zusammen, daß er hinsichtlich Lebensraum und Nahrungserwerb recht anpassungsfähig ist. Allerdings zeigen seine Bestände auffällige Schwankungen, und zwar in Abhängigkeit vom Massenwechsel der Feldmaus, seines Hauptbeutetieres. Bei Feldmaus-Gradationen hat er deutlich höhere Siedlungsdichten und Nachwuchsraten als in Jahren mit geringem Feldmaus-Bestand. Er ist in fast allen Landschaftsformen zu beobachten, sowohl im Flachland als auch im Gebirge. In der Regel horstet er im Wald und jagt auf den angrenzenden Wiesen und Feldern. Besonders reizvoll ist es, im Frühjahr ein Bussardpaar bei seinen Balzflügen zu beobachten. Unter häufigem Rufen steigen die Vögel über ihrem Horstrevier kreisend in die Höhe, wobei das ausgeglichene, ruhige Segeln von einem spielerischen Aufeinanderstoßen der beiden Partner und einem bogenförmigen Fallen und Wiederaufsteigen unterbrochen wird.

▲ Kennzeichen: Beim kreisenden Segelflug ist der Mäusebussard an den langen und breiten Flügeln, dem relativ kurzen, breit gefächerten Schwanz sowie an den „hiäh"-Rufen zu erkennen. Im Unterschied zu anderen Bussardarten weist der Schwanz außer der dunklen Endbinde 5–6 weitere schmale, dunkle Querbinden auf. Gewisse Verwechslungsmöglichkeiten gibt es

Mäusebussard mit Beute.

a) im Sommerhalbjahr mit dem Wespenbussard, der jedoch schlankere Flügel und einen längeren Schwanz mit 3 breiten dunklen Binden hat,
b) im Winterhalbjahr mit dem Rauhfußbussard, der sich aber am weißen Schwanz mit breiter dunkler Endbinde (und höchstens 3 weiteren schmalen Binden beim alten Männchen) unterscheiden läßt.

Die Gefiederfärbung des Mäusebussards ist sehr variabel: Von fast einfarbig dunkelbraunen bis zu ganz hellen Stücken gibt es alle Übergänge. Herkunft und Alter der Vögel spielen bei diesen Farbvarianten keine Rolle; sogar Geschwister aus der gleichen Brut können verschiedene Färbung aufweisen. Männchen und Weibchen sind nur nebeneinander, z. B. beim gemeinsamen Kreisen – und selbst dann nicht immer –, daran zu unterscheiden, daß das Weibchen in der Regel etwas größer als das Männchen ist. Während Altvögel auf der Körperunterseite z. T. Querbänderung zeigen, sind Jungvögel mehr längsgestreift und haben noch nicht die breite dunkle Endbinde am Schwanz.

▲ Stimme: Hauptsächlich in der Fortpflanzungsperiode sind im Brutrevier häufig die charakteristischen „hiäh"-Rufe zu hören.

▲ Verbreitung: Über fast ganz Europa verbreitet (ausgenommen Irland, Island und Nordskandinavien) sowie ostwärts quer durch Asien bis nach Japan.

▲ Lebensraum: Als Jagdgebiet wird offenes Gelände bevorzugt – während der Schlaf- und Brutplatz in der Regel im Wald liegt. Außerhalb der Fortpflanzungsperiode werden auch waldlose Landschaften bewohnt, im Winter bei Schneelage vor allem feuchte Niederungen.

Bestand

Bestandsverhältnisse in Europa: Die größte Population scheint in Mitteleuropa zu leben mit schätzungsweise ca. 120000 Paaren (Benelux-Staaten: ca. 6000; BRD: ca. 41000; DDR: ca. 19000; Polen: ca. 32000; ČSSR: ca. 8500; Österreich: ca. 4000; Ungarn: ca. 2000; Schweiz: ca. 7000).
In Westeuropa werden die Bestände auf ca. 73000 Paare geschätzt (Großbritannien: ca. 10000; Frankreich: ca. 50000; Spanien: ca. 10000; Portugal: ca. 3000).
In Nordeuropa leben schätzungsweise ca. 33000 Paare (Dänemark: ca. 5000; Norwegen: ca. 2000; Schweden: ca. 18000; Finnland: ca. 8000) und in Süd- und Südosteuropa schätzungsweise ca. 24000 Paare.
Der Gesamtbestand in Europa – allerdings ohne den europäischen Teil der Sowjetunion, von wo keine Zahlen vorliegen – umfaßt somit schätzungsweise ca. 250000 Paare.

Bestandsgefährdung: In früheren Jahrzehnten sind auch die Bestände des Mäusebussards durch Abschuß stark dezimiert worden. Seitdem in den meisten europäischen Ländern alle Greifvögel ganzjährige Schonzeit haben, kommen zwar immer noch illegale und z. T. auch legalisierte Abschüsse vor. Doch hat offenbar auch der Mäusebussard vom verminderten Jagddruck profitiert, denn in vielen Gebieten haben die Bestände wieder zugenommen und sich stabilisiert. Eine Bestandsgefährdung liegt also bei dieser Art gegenwärtig mit Sicherheit nicht vor.

Kreisendes Mäusebussard-Paar.

Oft halten sich Mäusebussarde auch an stark befahrenen Verkehrswegen auf, weil dort leicht zu erbeutende Nahrung in Form von verletzten Tieren anfällt.

▲ Siedlungsdichte und Reviergröße: Allgemein ist die Siedlungsdichte abhängig von der Höhe des erreichbaren Nahrungsangebotes, wobei der Massenwechsel der Feldmaus (Hauptbeutetier) eine besondere Rolle spielt. Bei Feldmaus-Gradationen ist die Siedlungsdichte deutlich höher. Daneben gibt es auch folgende Unterschiede:

In reich gegliederten Landschaften, in denen auf gutem Boden Laubwälder mit Wiesen und Feldern abwechseln, ist die Siedlungsdichte generell höher als in wenig gegliederten Landschaften mit größeren Fichten- oder Kiefernwäldern auf kargem Boden. In ersteren Gebieten können 30–67 Brutpaare auf 100 km^2 leben, in letzteren Gebieten dagegen nur 10–20 Brutpaare auf 100 km^2. Das gegen Artgenossen verteidigte Revier eines Brutpaares umfaßt im Durchschnitt etwa 1,3 km^2, während sich die Jagdgebiete benachbarter Paare durchaus überschneiden können.

▲ Jagdweise und Ernährung: In der Regel betreibt der Mäusebussard die

Ansitzjagd, indem er von einer erhöhten Warte aus die Umgebung überwacht, ein erspähtes Beutetier anfliegt und zu schlagen versucht. Seltener jagt er im niedrigen Suchflug, wobei er gelegentlich rüttelt. Manchmal nimmt er auch am Erdboden herumlaufend Nahrung auf (z. B. Regenwürmer oder größere Insekten). Die Hauptnahrung bilden Kleinsäuger, vor allem Feldmäuse. Daneben werden Vögel (vor allem Junge), Reptilien (Eidechsen und Blindschleichen) und Amphibien (Kröten und Frösche) erbeutet. Gesunde Beutetiere können nur bis zu einem Gewicht von etwa 500 g vom Mäusebussard überwältigt werden. Wird er an größerer Beute angetroffen, so kann man davon ausgehen, daß er diese bereits tot oder in stark geschwächtem Zustand vorgefunden hat.

▲ Fortpflanzung: Die Geschlechtsreife wird in der Regel im Alter von 2 oder 3 Jahren erreicht. Infolge der Reviertreue halten die Partner eines Paares oft lebenslang zusammen. Mit Beginn der Fortpflanzungsperiode (ab Februar/März) zeigen sie ein ausgeprägtes Territorialverhalten, indem sie über dem Brutrevier kreisen und rufen sowie Artgenossen vertreiben. Der Horst steht normalerweise in Altholzbeständen des Waldes, meist nicht weiter als 100 m vom Waldrand entfernt, gelegentlich aber auch außerhalb des Waldes in Feldgehölzen, Baumgruppen oder Einzelbäumen. Wo Wälder in Hanglagen vorhanden sind, werden diese als Brutplatz bevorzugt, weil der Mäusebussard als Segelflieger auf günstige Thermikverhältnisse angewiesen ist. Als Horstbäume wählt er am liebsten Eichen oder Kiefern, nimmt aber auch andere Baumarten an. Der Horst wird überwiegend in einer Stammgabel unter der Baumkrone erbaut, möglichst mit freiem Anflug, meist in einer Höhe zwischen 9 und 18 m, mitunter bis 25 m hoch. In der Regel stehen einem Mäusebussard-Paar mehrere Horste zur Verfügung, die abwechselnd zur Brut benutzt werden können. Im Frühjahr werden oft auch die Wechselhorste mit grünen Zweigen geschmückt, ehe sich das Paar für einen bestimmten Horst entscheidet oder auch einen völlig neuen Horst erbaut.

Legebeginn: In Mitteleuropa ab Ende März, meist Mitte April.

Gelegegröße: Schwankt je nach Nahrungsangebot zwischen 2 und 4 Eiern (56 x 45 mm; 60 g), die auf grauweißem Grund mehr oder weniger stark rot- und graubraun gefleckt, selten ganz fleckenlos sind.

Legeabstand: 2–3 Tage. Das Weibchen brütet allein und wird nur kurzfristig vom Männchen abgelöst.

Brutdauer: 33–35 Tage.

Nestlingsdauer: 42–49 Tage. Die flüggen Jungvögel machen durch häufige Bettelrufe auf sich aufmerksam und fliegen den beutetragenden Altvögeln entgegen. 6–8 Wochen nach dem Ausfliegen sind sie selbständig.

Fortpflanzungsrate: In Abhängigkeit vom jeweiligen Nahrungsangebot zeigt die Fortpflanzungsrate beträchtliche Schwankungen. Bei geringem Feldmaus-Bestand kann der Anteil nichtbrütender Paare entsprechend hoch sein. Im langjährigen Mittel kommen nur 1,1 bis 1,8 Junge pro Brut zum Ausfliegen.

▲ Sterblichkeit: Bei Jungvögeln im ersten Lebensjahr (ab Ausfliegen) ca. 51%, im 2. Lebensjahr ca. 32%, im 3. Lebensjahr ca. 29%, in späteren Lebensjahren ca. 19%.

Mäusebussard-Paar am Horst mit ca. 2 Wochen alten Jungen.

▲ Höchstalter: 26 Jahre (in freier Natur) bzw. 30 Jahre (in Gefangenschaft).

▲ Wanderungen: Während nordeuropäische Mäusebussarde Zugvögel sind, kann man die mitteleuropäischen als Teilzieher bezeichnen, denn die Altvögel sind überwiegend Standvögel, während die Jungvögel großenteils im Herbst wegziehen, um hauptsächlich in Frankreich zu überwintern. Andererseits überwintern in Mitteleuropa auch Mäusebussarde, die aus weiter nördlich oder östlich gelegenen Gebieten zuwandern. Der Herbstzug hat in Mitteleuropa seinen Höhepunkt im Oktober, der Frühjahrszug findet zwischen Mitte März und Ende April statt.

Spezielle Literatur:

KNÜWER, H. & K.-H. LOSKE (1980): Zur Frage der Habitat-Ansprüche des Mäusebussards (*Buteo buteo*) bei der Horstplatzwahl. – Vogelwelt 101: 18–30.

MEBS, TH. (1964): Zur Biologie und Populationsdynamik des Mäusebussards (*Buteo buteo*) unter besonderer Berücksichtigung der Abhängigkeit vom Massenwechsel der Feldmaus (*Microtus arvalis*). – Journal für Ornithologie 105: 247–306.

MELDE, M. (1971): Der Mäusebussard. – Neue Brehm-Bücherei, Band 185: A. Ziemsen Verlag, Wittenberg Lutherstadt.

ROCKENBAUCH, D. (1975): Zwölfjährige Untersuchungen zur Ökologie des Mäusebussards (*Buteo buteo*) auf der Schwäbischen Alb. – Journal für Ornithologie 116: 39–54.

Mäusebussard-Paar am bevorzugten Auslugplatz.

Turmfalke
Falco tinnunculus

Länge: um 35 cm
Spannweite: um 75 cm
Gewicht: ♂ im Durchschnitt 200 g
♀ im Durchschnitt 240 g

♂

▲ Vorkommen in Mitteleuropa: In weiten Bereichen Mitteleuropas ist der Turmfalke der zweithäufigste Greifvogel nach dem Mäusebussard, jedenfalls im Sommerhalbjahr. In manchen Ländern, z. B. in den Niederlanden und in Ungarn, übertrifft er sogar den Mäusebussard an Zahl. Generell zeigen die Bestände des Turmfalken ziemlich starke Schwankungen in Abhängigkeit von der Höhe des Nahrungsangebotes, speziell vom Massenwechsel der Feldmaus, die – ebenso wie beim Mäusebussard – das Hauptbeutetier darstellt. Aufgrund seines auffälligen Rüttelfluges sieht man den Turmfalken im offenen Gelände recht häufig, z. B. auch vom Auto aus in der Nähe von Landstraßen und Autobahnen. Da er außerdem gern an Türmen und anderen hohen Bauwerken inmitten von Städten brütet, also in ziemlich enger Nachbarschaft zum Menschen lebt, kann man dort ebenfalls sehr schön seine Flugspiele beobachten. Den Winter verbringt nur ein Teil der Turmfalken im mitteleuropäischen Brutgebiet, am häufigsten die Stadtbewohner.

▲ Kennzeichen: Schon von weitem ist der Turmfalke an den langen spitzen Flügeln und vor allem an seinem charakteristischen Rüttelflug zu erkennen, wobei er flügelschlagend an einer Stelle im Luftraum verharrt und dabei den langen Schwanz breit gefächert schräg nach unten hält.

Beim alten Männchen ist der Kopf hellblaugrau, der Rücken rotbraun mit spärlichen kleinen dunklen Flekken, der Schwanz ebenfalls hellblaugrau mit breiter schwarzer Endbinde; die Unterseite des Körpers ist gelblich mit Längsreihen kleiner dunkler Tropfenflecken.

Turmfalken-Männchen im Rüttelflug

Beim Weibchen sind Kopf, Rücken und Schwanz rostbraun mit dichter dunkler Fleckung und Querbänderung; die Körperunterseite ist stärker gefleckt als beim Männchen.
Jungvögel sind wie das Weibchen gefärbt, oberseits ebenfalls rostbraun mit dunkler Querbänderung, unterseits jedoch mehr längsgestreift.
Die Unterscheidungsmerkmale zum sehr ähnlichen Rötelfalken, mit dem er in Südeuropa den Lebensraum teilt, werden beim Rötelfalken genannt. Vom Baumfalken und Merlin ist der Turmfalke durch seinen deutlich längeren Schwanz zu unterscheiden, vom Sperber durch seine spitzeren Flügel.

▲ Stimme: Helle, durchdringende „kikikikiki"-Rufreihen sowie leisere „zick"-Lockrufe; am Brutplatz außerdem ein feines „wrieh-wrieh".
▲ Verbreitung: Der Turmfalke ist über ganz Europa verbreitet – in den nördlichsten Bereichen allerding sehr spärlich – und bewohnt große Teile Asiens und Afrikas. Auf den Kanarischen Inseln, auf Madeira und auf den Kapverden leben Inselformen in verschiedenen Rassen.
▲ Lebensraum: Zum Jagen benötigt der Turmfalke prinzipiell offene Flächen mit niedriger Vegetation, um seine Beutetiere sehen und greifen zu können. Im übrigen ist er in seinen ökologischen Ansprüchen wenig wählerisch, was wohl auch der Grund für seine Häufigkeit ist. Nicht selten kann man ihn inmitten von Städten

beobachten, wo er an Kirchtürmen und anderen hohen Gebäuden übernachtet und brütet. Im Gebirge und an sonstigen Stellen, wo es Felsen oder Steinbrüche gibt, wählt er Spalten und Höhlungen in den Steilwänden als Brutplätze. Meistens brütet er jedoch an Waldrändern, in Feldgehölzen oder auf Einzelbäumen, wo ihm alte Krähen- und Elsternnester zur Verfügung stehen.
In den Niederlanden hat man die eingedeichten Polderflächen für Turmfalken bewohnbar gemacht, indem man Nistkästen auf Stangen anbrachte.
▲ Siedlungsdichte und Reviergröße: Die Siedlungsdichte ist generell von der Höhe des erreichbaren Nahrungsangebotes und hierbei besonders vom Massenwechsel der Wühlmäuse abhängig, gleichzeitig jedoch auch von den Witterungsverhältnissen im Winter und Frühjahr, weil die Jagdaktivität durch starken bzw. anhaltenden Regen beeinträchtigt wird. Infolgedessen kann die Siedlungsdichte sehr verschieden groß sein, nämlich 3–90 Paare/100 km². Sie zeigt auch auf einer bestimmten Fläche je nach Günstigkeit der Jahre sehr starke Schwankungen, z. B. 18 Paare in einem Mäusejahr, während im darauffolgenden Jahr, nach dem Zusammenbruch der Feldmaus-Gradation, nur 3 Paare brüteten.
An Fels- bzw. Steinbruchwänden oder an hohen Bauwerken können mehrere Paare Turmfalken in enger Nachbarschaft brüten, so daß man von Brutkolonien sprechen kann. Im Stadtgebiet von Kiel wurden 16 Paare festgestellt, bei denen Jagdreviergrößen von 90 bis 310 ha (im Durchschnitt 200 ha) ermittelt wurden.
▲ Jagdweise und Ernährung: In sehr

Bestand

Bestandsverhältnisse in Europa: Die größten Bestände leben in Westeuropa, vor allem in Großbritannien (ca. 70 000 Paare), wo der Turmfalke der häufigste Greifvogel ist; in Frankreich schätzt man im Mittel ca. 44 000 Paare; in Spanien ca. 30 000, in Portugal ca. 1300 Paare. Auch in Spanien ist der Turmfalke nach dem Rötelfalken die häufigste Greifvogelart.
In Mitteleuropa leben insgesamt ca. 58 000 Paare; (Benelux-Staaten: ca. 7800; BRD: ca. 20 400; DDR: ca. 4000; Polen: ca. 10 000; ČSSR: ca. 7000; Schweiz, Österreich und Ungarn: jeweils ca. 3000 Paare).
In Südeuropa sind die Bestände im Verhältnis zu den Flächengrößen der Länder deutlich geringer (Italien und Jugoslawien: jeweils ca. 5000; Griechenland: ca. 3000; Bulgarien: ca. 2000; Rumänien: ca. 300 Paare) und noch geringer in Nordeuropa (Dänemark: ca. 1700; Norwegen: ca. 2000; Schweden: ca. 3000; Finnland: ca. 1500 Paare).
Der Gesamtbestand in Europa – allerdings ohne Sowjetunion, von wo keine Zahlen vorliegen – umfaßt somit rund 227 000 Paare.

Bestandsgefährdung: Aus einigen Ländern wird Rückgang gemeldet, wobei die Gründe dafür nicht genau bekannt sind. Es ist aber zu vermuten, daß der Rückgang hauptsächlich auf die Intensivierung der Landwirtschaft zurückzuführen ist, weil durch den Umbruch von Dauergrünland in Ackerland sowohl die bevorzugten Jagdflächen mit niedriger Vegetation als auch das Nahrungsangebot – in Form von Feldmäusen, Käfern und Heuschrecken – abgenommen haben.

Turmfalken-Männchen kröpft Maus

auffälliger und charakteristischer Weise jagt der Turmfalke aus dem Rüttelflug auf Kleintiere am Erdboden, aber auch vom Ansitz aus. Nach einer in Großbritannien durchgeführten Untersuchung werden die beiden Jagdarten im Sommer etwa gleich häufig ausgeübt, während im Winter zu etwa 85% von Sitzwarten aus gejagt wird, um Energie zu sparen, und nur zu 15% aus dem Rütteln. Die Höhe der Vegetation spielt für die Erreichbarkeit der Beute eine entscheidende Rolle.

Die bevorzugten Beutetiere sind Kleinsäuger, vor allem Wühlmäuse. In Mitteleuropa ist die Feldmaus das Hauptbeutetier, in Nordengland und Südschottland die Erdmaus. In Abhängigkeit vom Massenwechsel dieser beiden Wühlmausarten zeigt auch der Turmfalke sehr ausgeprägte Bestandsschwankungen. Neben Kleinsäugern erbeutet er Kleinvögel, vor allem dann, wenn Mäuse nicht in ausreichender Menge vorhanden sind. Im Sommerhalbjahr handelt es sich hierbei überwiegend um Jungvögel, die gerade flügge geworden sind. Außerdem fängt der Turmfalke im Sommer Eidechsen und Insekten, bevorzugt Käfer und Heuschrecken, die er teilweise sogar zu Fuß erbeutet, ebenso gelegentlich Regenwürmer und kleine Nacktschnecken.

▲ Fortpflanzung: Die Geschlechtsreife wird bereits im 1. Lebensjahr erreicht. Die Revierbesetzung erfolgt zwischen Ende März und Mitte April, sofern die Falken nicht am Brutplatz überwintern, wie dies in Städten oft der Fall ist. Die Partner eines Paares scheinen lebenslang zusammenzuhalten. Die Balz findet mit eindrucksvollen Flugspielen und häufigen Lautäußerungen statt.

Als Brutplätze dienen Höhlungen in Fels- oder Steinbruchwänden, Mauerlöcher in hohen Gebäuden sowie alte Nester von Krähen oder Elstern in Bäumen. Auch geeignete Nistkästen werden gern angenommen (Maße: mindestens jeweils 30 cm Länge × Breite × Höhe; obere Hälfte der Vorderwand offen). In die vorgefundene Unterlage wird lediglich eine Mulde gescharrt.

Legebeginn: Mitte April bis Mitte Mai.

Gelegegröße: 4–6, meist 5 Eier (39 × 31 mm; 21 g), die auf gelblichem Grund mehr oder weniger stark rotbraun gefleckt sind.

Legeabstand: 2 Tage.

Brutbeginn: Erst mit dem vorletzten oder letzten Ei.

Brutdauer: 29 Tage. Es findet Arbeitsteilung statt: während das Weibchen brütet und die Jungen betreut, schafft das Männchen die Nahrung herbei.

Nestlingsdauer: 28–32 Tage. Nach dem Ausfliegen werden die Jungen noch etwa 4 Wochen von den Eltern mit Nahrung versorgt, bis sie selbständig sind und verstreichen.

Fortpflanzungsrate: Schwankt in Abhängigkeit vom Massenwechsel der Wühlmäuse zwischen 2,1 und 3,6 flüggen Jungen pro Paar und Jahr.

▲ Sterblichkeit: Im 1. Lebensjahr ca. 60%, im 2. Lebensjahr ca. 45%, in späteren Lebensjahren ca. 34%.

▲ Höchstalter: 16 Jahre in freier Natur, 18 Jahre in Gefangenschaft.

▲ Wanderungen: Der Turmfalke ist teils Standvogel, teils Strich- oder Zugvogel. Während die nord- und osteuropäischen Populationen durchwegs Zugvögel sind, bleiben mitteleuropäische Turmfalken teilweise auch den Winter über im Brutgebiet. Die Zugvögel überwintern in Südeuropa und Nordafrika. Wegzug: September/Oktober. Heimkehr: März/April, teilweise auch erst im Mai.

Spezielle Literatur:

BEICHLE, U. (1980): Siedlungsdichte, Jagdreviere und Jagdweise des Turmfalken (*Falco tinnunculus*) im Stadtgebiet von Kiel. – Corax 8: 3–12.

CAVÉ, A. J. (1968): The breeding of the Kestrel, *Falco tinnunculus* L., in the reclaimed area Oostelijk Flevoland. – Netherland J. Zool. 18: 313–407.

KOCHANEK, H.-M. (1984): Beiträge zur Brutbiologie des Turmfalken (*Falco tinnunculus*). Vogelwelt 105: 201–219.

KOSTRZEWA, R. (1985): Arbeitsanleitung für Bestandsaufnahmen und Brutkontrollen beim Turmfalken (*Falco tinnunculus*) als Voraussetzung für populationsökologische Untersuchungen. – Vogelwelt 106: 188–191.

Turmfalken-Männchen im Jugenkleid auf Ansitz

PIECHOCKI, R. (1982): Der Turmfalke (*Falco tinnunculus*). Seine Biologie und Bedeutung für die biologische Schädlingsbekämpfung. – Neue Brehm-Bücherei, Band 116, 6. Auflage. – A. Ziemsen Verlag, Wittenberg Lutherstadt.
VILLAGE, A. (1983): Seasonal changes in the hunting behaviour of kestrels. – Ardea 71: 117–124.

Turmfalken-Weibchen am Horst mit ca. 3 Wochen alten Jungen

Sperber
Accipiter nisus

Länge: ♂ um 32 cm, ♀ um 37 cm
Spannweite: ♂ um 62 cm, ♀ um 74 cm
Gewicht: ♂ 143–155 g, im Durchschnitt 150 g
♀ zur Brutzeit 290–325 g, sonst 260–280 g,
im Jahresdurchschnitt 290 g

juv.

▲ Vorkommen in Mitteleuropa: In den 60er Jahren ist der Bestand des Sperbers in Mitteleuropa weitgehend zusammengebrochen, weil dieser Kleinvogeljäger – als Endglied der Nahrungskette – sehr stark mit Bioziden belastet war. Diese Belastung äußerte sich in erhöhter Sterblichkeit der Embryonen und wohl auch der erwachsenen Vögel sowie z. T. auch im Zerbrechen der Eier infolge Dünnschaligkeit. Wegen der erhöhten Mortalität und des fehlenden Nachwuchses nahm der Bestand katastrophal ab.

Nach dem Verbot der Anwendung bestimmter Biozide hat sich der Bestand seit Mitte der 70er Jahre in zunehmendem Maße erholt. Wenn auch noch immer eine gewisse Belastung festzustellen ist, so ist doch der Sperber inzwischen in weiten Bereichen Mitteleuropas wieder die dritthäufigste Greifvogelart (nach Mäusebussard und Turmfalke).

Die geschätzten Bestandszahlen (Paare) sind folgende: Benelux-Staaten: ca. 3300; BRD: ca. 9800; DDR: mindestens 900 (wahrscheinlich inzwischen 1300); Schweiz: ca. 4000; Österreich und Polen jeweils ca. 2000; ČSSR: ca. 2500; Ungarn: ca. 300. Der Gesamtbestand in Mitteleuropa umfaßt also ca. 25 000 Paare.

Im Winterhalbjahr sind in Mitteleuropa auch relativ viele Sperber aus Skandinavien als Durchzügler bzw. Wintergäste zu beobachten, die oft in der Nähe von Ortschaften jagen.

▲ Kennzeichen: Der Sperber ist das verkleinerte, schlankere Ebenbild des Habichts, dem er auch in der Flug- und Jagdweise sehr ähnelt: Mit relativ kurzen, breiten und abgerundeten Flügeln und langem Schwanz entwickelt er auf kurzen Strecken hohe Geschwindigkeit und fliegt äußerst wendig. In noch stärkerem Maße als beim Habicht besteht ein auffallender Größen- und Gewichtsunterschied zwischen den Geschlechtern: das Männchen ist deutlich kleiner als das Weibchen und nur etwa halb so schwer. Mitunter hat der Beobachter Schwierigkeiten, das größere Sperber-Weibchen im Flug sicher zu erkennen und nicht für ein Habicht-Männchen zu halten, vor allem wenn Vergleichsmaßstäbe fehlen. Hier kann der Hinweis helfen, daß die Flügelschlagweise des Sperbers etwas hastiger wirkt als beim Habicht, dessen Flügelschlag kräftiger ist. Vom etwa gleich großen Turmfalken, der lange und spitze Flügel hat, läßt sich der Sperber mit seinen kurzen, abgerundeten Flügeln leicht unterscheiden.

Aus der Nähe gesehen fällt die dichte Querbänderung der Unterseite – die sogenannte „Sperberung" – auf sowie die langen, dünnen Ständer mit langen Zehen. Der Schwanz zeigt vier breite dunkle Querbinden. Alte Männchen sind oberseits blaugrau gefärbt, unterseits rostrot quergebändert, während bei alten Weibchen die Oberseite eine schiefergraue Färbung und die Unterseite eine graubraune Querbänderung aufweist.

Die Gefiederfärbung der Jungvögel ähnelt der des Weibchens, ist aber mehr bräunlich.

▲ Stimme: Am Horst erregte „gigigig"-Rufreihen und weiche „güh"-Lockrufe. Die vor kurzem ausgeflogenen Jungvögel machen sich durch laute, oft wiederholte Bettelrufe bemerkbar.

▲ Verbreitung: Der Sperber bewohnt fast ganz Europa – ausgenommen Island und das nördlichste Skandinavien – und ist in einem breiten Gürtel quer durch Asien bis zum Pazifik verbreitet. Die Nordgrenze des Brutareals fällt etwa mit der Waldgrenze zusammen. Auf Sardinien und Korsi-

Sperber-Paar am Horst (links altes Weibchen, rechts vorjähriges Männchen noch im Jugendkleid).

Bestand

Bestandsverhältnisse in Europa: Am stärksten ist der Bestand in Nordeuropa (Dänemark: ca. 4000 Paare; Norwegen: einige tausend Paare; Schweden: ca. 20000 Paare; Finnland: ca. 10000 Paare) und im europäischen Teil der Sowjetunion, von wo jedoch keine Schätzwerte vorliegen.

In Mitteleuropa leben ca. 25000 Paare (s. oben), in Großbritannien ca. 25000 Paare und in Frankreich ca. 15000 Paare.

Im Vergleich dazu ist der Bestand in Südeuropa ziemlich spärlich (Portugal: ca. 300; Spanien: ca. 9000; Italien: ca. 1000; Jugoslawien und Griechenland: jeweils ca. 3000; Bulgarien: unter 1000; Rumänien: ca. 100 Paare).

Der Gesamtbestand in Europa – ohne Sowjetunion – ist also auf ca. 122000 Paare zu schätzen.

Bestandsgefährdung: Die Biozidbelastung – als Hauptursache des zwischenzeitlichen katastrophalen Bestandsrückganges – ist immer noch in gewissem Umfang wirksam. Um diesen Gefährdungsfaktor einschätzen zu können, müssen Bestandsdichte und Bruterfolg weiterhin aufmerksam kontrolliert und ggf. Rückstandsanalysen durchgeführt werden. Gleichzeitig kann der Rückgang vieler Kleinvogelarten eine Verringerung des Nahrungsangebotes bewirken. Durchforstungsarbeiten zur Brutzeit können Bruten gefährden, werden aber unterbrochen, wenn die Forstbetriebsbeamten rechtzeitig über Horststandorte informiert werden.

ka, in Nordwestafrika, auf den Kanaren und Madeira leben isolierte Rassen.

▲ Lebensraum: Stark gegliedertes, deckungsreiches Gelände, in dem Misch- und Nadelwälder mit offeneren Flächen abwechseln, sowohl im Flachland als auch im Gebirge (bis zur Waldgrenze). Zum Horsten bevorzugt der Sperber Nadelwaldparzellen von Fichten, Kiefern oder Lärchen im Stangenholzstadium, oft gleich nach der ersten Durchforstung. Der Horst kann aber auch auf vereinzelten Fichten in Buchenstangenhölzern stehen.

Während des Winterhalbjahres jagt der Sperber häufig in der Nähe von Ortschaften und schlägt dann auch Kleinvögel bei Winterfütterungen.

▲ Siedlungsdichte und Reviergröße: In günstigen Lebensräumen Mitteleuropas beträgt die Siedlungsdichte normalerweise 10–20 Brutpaare auf 100 km^2. Dies entspricht einem Lebensraum von 5 bis 10 km^2 pro Paar. Da in der Regel jedoch nur der Horstbezirk gegen Artgenossen verteidigt wird, können benachbarte Paare oft nur 1 km voneinander entfernt brüten; manchmal beträgt der Abstand zwischen benachbarten Horsten sogar nur wenige hundert Meter.

▲ Jagdweise und Ernährung: Die Jagd betreibt der Sperber gern in deckungsreicher Landschaft, entweder vom Ansitz aus oder in niedrigem Suchflug, z.B. an Hecken entlang, wobei er den Überraschungseffekt nutzt. Aufgescheuchte Kleinvögel verfolgt er sehr rasant und wendig. Er jagt so ungestüm, daß er einen Vogel mitunter sogar durch ein offenstehendes Fenster hindurch verfolgt. Dabei kann es vorkommen, daß er selbst verunglückt, indem er z.B. gegen eine Fensterscheibe prallt. Mit seinen langen, dünnen Ständern und auffallend langen Zehen versucht er Beutetiere in jeder Situation zu greifen, auch noch im schützenden Dickicht.

Während des ganzen Jahres bilden alle möglichen Arten von Kleinvögeln seine fast ausschließliche Nahrung. Dabei dominieren häufige Arten wie Sperlinge, Drosseln, Finken, Meisen, Lerchen, Ammern und Stare. Wenn es im Herbst viele Feldmäuse gibt, erbeutet er auch diese.

▲ Fortpflanzung: Sperber sind bereits im Alter von 10 Monaten geschlechtsreif, wenn sie noch das Jugendkleid tragen. Solche Jungvögel haben aber geringeren Bruterfolg als ältere Sperber.

Ein geeignetes Horstrevier (siehe Lebensraum) ist oft über mehrere Jahre hinweg besetzt. Doch wird alljährlich ein neuer Horst gebaut, meist ganz in der Nähe des vorjährigen Horstes. Vorwiegend sind es Stellen in der Nähe von Schneisen, Wegen oder Bachläufen, die freien An- und Abflug ermöglichen. Der Horst wird in der Regel auf Nadelbäumen in mittlerer Höhe, dicht am Stamm erbaut, ganz selten auch auf Laubbäumen. Im Gegensatz zum Habicht belegt der Sperber seinen Horst nicht mit grünen Zweigen. Da das Weibchen gleichzeitig mit der Eiablage stark zu mausern beginnt, findet man in der Nähe des Horstes die Mauserfedern. Einen besetzten Horst erkennt man an den vielen anhaftenden Dunen.

Legebeginn: Ende April bis Mitte Mai.

Gelegegröße: 3 bis 6 rundliche Eier (39 x 32 mm; 23 g), die auf bläulichweißem Grund mehr oder weniger stark dunkelbraun gefleckt sind.

Sperber im Jugendkleid.

Legeabstand: 2 Tage.
Brutdauer: 31 bis 36, im Mittel 33 Tage. Es brütet allein das Weibchen, das vom Männchen mit Nahrung versorgt wird. Der Beuteübergabeplatz liegt in Sichtweite des Horstes. Während das Weibchen dort kröpft, bedeckt das Männchen das Gelege. Auch das Hudern der Jungen und deren Fütterung mit der vom Männchen gebrachten Beute obliegt allein dem Weibchen.
Nestlingsdauer: 26 bis 30 Tage. Nach dem Ausfliegen bleiben die Jungen mit auffallenden Bettelrufen noch 2–3 Wochen in der Nähe des Horstes, der weiterhin als Beuteübergabeplatz dienen kann. Wenig später fangen die Jungen an, selbständig zu jagen.
Fortpflanzungsrate: Bei 80% erfolgreichen Bruten mit durchschnittlich 3,6 flüggen Jungen kommen somit pro Paar und Jahr durchschnittlich 2,9 Junge zum Ausfliegen.
▲ Sterblichkeit: Die natürliche Sterblichkeit, vor allem durch Verunglükken und Winterverluste ist ziemlich hoch; sie beträgt im 1. Lebensjahr 50–70%, in folgenden Lebensjahren 30–40%. Nicht selten wird der Sperber vom Habicht geschlagen.
▲ Höchstalter: 15 Jahre in freier Natur.
▲ Wanderungen: In Mitteleuropa ist der Sperber Strich- und Zugvogel; teils überwintert er im Brutgebiet, teils zieht er im Herbst in südwestlicher Richtung ab und verbringt den Winter in Frankreich und Spanien. Wegzug ab Ende August, hauptsächlich im Oktober. Rückkehr ins Brutgebiet zwischen Mitte März und Anfang April.

Spezielle Literatur:

BARNIKOW, G. & H. LANGE (1985): Bestandsgröße und Fortpflanzung des Sperbers (*Accipiter nisus*) in Thüringen. – Veröff. Museen Gera, Naturwiss. Reihe 11: 109–116.
CONRAD, B. (1978): Korrelation zwischen Embryonen-Sterblichkeit und DDE-Kontamination beim Sperber (*Accipiter nisus*). – Journal f. Ornithologie 119: 109–111.
FARKASCHOVSKY, H. (1980): Zur Bestandsentwicklung, Brutbiologie und Pestizidbelastung des Sperbers *Accipiter nisus* in Oberbayern. – Anz. Orn. Ges. Bayern 19: 1–11.
NEWTON, I. (1986): The Sparrowhawk. – T. & A. D. Poyser, Calton.
OPDAM, P., J. BURGERS & G. MÜSKENS (1987): Population trend, reproduction, and pesticides in Dutch Sparrowhawks following the ban of DDT. – Ardea 75: 205–212.
ORTLIEB, R. (1987): Die Sperber. – Neue Brehm-Bücherei, Band 523, 3. Auflage. – A. Ziemsen Verlag, Wittenberg Lutherstadt.
STÜLCKEN, K. (1958): Kleiner Vogel Greif. Das Buch vom Sperber. – Bartmann-Verlag, Frechen/Köln.

Sperber-Gelege

Habicht
Accipiter gentilis

Länge: ♂ um 50 cm, ♀ um 60 cm
Spannweite: ♂ um 100 cm, ♀ um 115 cm
Gewicht: ♂ 580–870 g, im Durchschnitt 720 g
♀ 880–1320 g, im Durchschnitt 1130 g

♀
adult

▲ Vorkommen in Mitteleuropa: Wegen intensiver Verfolgung und Dezimierung durch Jäger und Taubenzüchter und z.T. auch wegen der Belastung mit Umweltgiften hatte der Habicht in den 50er und 60er Jahren so stark abgenommen, daß er in vielen Bereichen als Brutvogel fast völlig fehlte. Erst nach Einführung der ganzjährigen Schonzeit konnte er sich in den 70er Jahren allmählich wieder erholen. Aber auch heute noch geschieht es immer wieder, daß Habichte heimlich und illegal abgeschossen, im Habichtskorb gefangen oder absichtlich bei der Brut gestört werden. Deshalb haben die Bestände in manchen Gebieten schon wieder abgenommen.
Im ganzen betrachtet kommt der Habicht gegenwärtig in Mitteleuropa als relativ häufiger Brutvogel vor. Da er jedoch ein ziemlich versteckt lebender Greifvogel ist, der in deckungsreicher Landschaft jagt, sieht man ihn verhältnismäßig selten und auch dann meist nur kurz. Lediglich zur Balzzeit kann man ein Paar über seinem Horstgebiet kreisen sehen, und gelegentlich sieht man einen Habicht, der über einem Waldgebiet aus dem Anwarteflug auf Ringeltauben jagt.
▲ Kennzeichen: Im Flug erkennt man den Habicht an den relativ kurzen und breiten, abgerundeten Flügeln

Altes Habicht-Weibchen bewacht seine ca. 2 Wochen alten Jungen.

und am langen Schwanz, der wesentlich länger ist, als die Flügel breit sind. Typische Flugweise: mehrere schnelle, kräftige Flügelschläge wechseln ab mit Gleitflug, bei dem die Flügel waagerecht gehalten werden. Beim gelegentlichen Kreisflug mit gefächertem Schwanz zeigt letzterer vier breite dunkle Querbinden. Im Sinne der Aufgabenteilung bei Brut und Jungenaufzucht ist das Männchen deutlich kleiner und etwa $^{1}/_{3}$ leichter als das Weibchen.
Die Gefiederfärbung ist bei Altvögeln oberseits graubraun bis schiefergrau, unterseits weißlich mit enger und feiner dunkler Querbänderung. Jungvögel zeigen dagegen auf der dunkelbraunen Oberseite helle Federränder und auf der rostgelben Unterseite dunkelbraune Längsflecken. Die Iris der Augen ist beim Nestling blaugrau, beim Jungvogel gelb und kann bei einem Altvogel mit zunehmendem Alter orangerot werden.
▲ Stimme: Nur in der Nähe des Brutplatzes ziemlich häufig zu hören: eine schnelle Folge von „gigigigig"-Lauten sowie „kijää"- und „giak"-Rufe. Die vor kurzem ausgeflogenen Jungen lassen laute, durchdringende „klijäh"-Bettelrufe hören.
▲ Verbreitung: Der Habicht ist über fast ganz Europa verbreitet und in einem breiten Gürtel quer durch das nördliche Asien bis zum Pazifik sowie über große Teile Nordamerikas. Die Nordgrenze des Brutareals fällt weitgehend mit der Waldgrenze zusammen. Bei der in Ostsibirien und Kamtschatka lebenden Rasse (A. g.

Junghabicht

Bestand

Bestandsverhältnisse in Europa: Die größten Bestände leben in Mittel-, Nord- und Osteuropa. In Mitteleuropa umfaßt der Bestand gegenwärtig schätzungsweise 19800 Paare (Benelux-Staaten: ca. 1800; BRD: ca. 6800; DDR: ca. 1500; Polen: ca. 5000; Schweiz: ca. 1300; ČSSR: ca. 2000; Österreich: ca. 1000; Ungarn: ca. 400 Paare).
In Nordeuropa leben ca. 16000 Paare (Schweden und Finnland: jeweils ca. 6000; Dänemark: 500; Norwegen: ca. 3500), während aus dem europäischen Teil der Sowjetunion, wo der Habicht ebenfalls ziemlich häufig ist, keine Schätzwerte vorliegen.
Demgegenüber sind die Bestände in West- und Südeuropa ziemlich gering und umfassen insgesamt nur ca. 9500 Paare (Großbritannien: nur ca. 100; Frankreich: ca. 3700; Spanien: ca. 3000; Portugal: ca. 100; Italien: ca. 300; Jugoslawien: ca. 1000; Griechenland und Bulgarien: jeweils ca. 500; Rumänien: ca. 300 Paare).
Der Gesamtbestand in Europa – ohne Sowjetunion – ist auf ca. 45300 Paare zu schätzen.

Bestandsgefährdung: Nach wie vor ist Verfolgung durch Menschen, die den Habicht als „Schädling" ansehen, die hauptsächliche Gefährdungsursache. Wenn an bestimmten Horsten alljährlich zur Balzzeit Habichte im Jugendkleid beobachtet werden, dann ist dies der indirekte Beweis dafür, daß das Habichtspaar des Vorjahres nicht mehr lebt, denn sonst würden die Vögel inzwischen das Alterskleid tragen.

albidus) gibt es eine fast völlig weiße Phase.

▲ Lebensraum: Stark gegliederte, deckungsreiche Landschaft, in der Wälder mit offeneren Flächen abwechseln. Zum Horsten dienen in der Regel Altholzbestände in größeren Komplexen von Nadel- oder Mischwald. Generell brütet der Habicht weiter im Waldesinneren als andere Greifvogelarten (Mäusebussard, Milane, Wespenbussard), die meist in den Randbereichen des Waldes horsten. Mitunter kann ein Habichtshorst aber auch in einem kleinen Waldstück stehen, sofern dieses abseits von Störungen liegt.
Wegen der besseren Deckung bevorzugt der Habicht Nadelbäume zum Horsten und auch als Schlafplatz.

▲ Siedlungsdichte und Reviergröße: Je nach Höhe des Nahrungsangebotes und Vorhandensein geeigneter Waldbestände zum Horsten schwankt die Siedlungsdichte normalerweise zwischen 3 und 15 Brutpaaren/100 km^2. Dementsprechend umfaßt die Jagdfläche eines Habichtspaares in günstigen Lebensräumen etwa 7 km^2, in ungünstigen dagegen etwa 30 km^2 und mehr. Auf der gleichen Fläche können allerdings auch noch andere, unverpaarte Habichte jagen. Während der Jungenaufzucht erstrecken sich die Jagdflüge maximal 3–4 km weit vom Horst. Nur der Bereich im Umkreis von wenigen hundert Metern um den Horst wird vom Männchen oder Weibchen gegen eindringende Artgenossen des gleichen Gechlechts verteidigt, oft so heftig, daß es zu kämpferischen Auseinandersetzungen und manchmal sogar zum Tod des Eindringlings kommen kann.

▲ Jagdweise und Ernährung: Im dekkungsreichen Gelände betreibt der Habicht vom Ansitz aus oder in niedrigem Suchflug mit viel Geschick die Überraschungsjagd. Dabei kann er auf kurzen Strecken hohe Geschwindigkeit entwickeln und fliegt äußerst wendig. Gelegentlich sieht man ihn auch aus hohem Anwarteflug im Sturzflug jagen. Er fängt hauptsächlich Vögel, und zwar am häufigsten diejenigen Arten, die im jeweiligen Lebensraum sehr häufig vorkommen. In Mitteleuropa sind dies vor allem Ringel- und Haustauben (z. B. auf dem Reiseflug ermattete Brieftauben), Eichelhäher, Drosseln und Stare. Wo von Jägern viele Fasanen ausgesetzt werden, die oft kein natür-

Altes Habicht-Weibchen am Kröpfplatz.

liches Verhalten zeigen, profitiert er auch davon. An Säugetieren erbeutet er gern Kaninchen – sofern diese vorkommen – und Eichhörnchen.
Die Anteile der einzelnen Beutetierarten können je nach Jahreszeit sehr verschieden groß sein. Generell kann man auch beim Habicht davon ausgehen, daß er bevorzugt kranke oder geschwächte Tiere sowie unerfahrene Jungtiere erbeutet. Er spielt also eine wichtige Rolle im Rahmen der natürlichen Auslese, indem er zur Gesunderhaltung seiner Beutetierbestände beiträgt. Wenn er mitunter auch bestandsgefährdete Vogelarten, z. B. in Niedersachsen einen der letzten Birkhähne schlägt, so ist zu bedenken, daß der Rückgang des vom Aussterben bedrohten Birkhuhns hauptsächlich auf die Zerstörung seiner Lebensräume zurückzuführen ist. Auch ohne die Eingriffe natürlicher Feinde wird das Birkhuhn in Niedersachsen aussterben, wenn es nicht gelingt, geeignete Lebensraume zu erhalten bzw. neu zu schaffen.

▲ Fortpflanzung: Die Geschlechtsreife wird bereits mit etwa 10 Monaten erreicht. Doch brütet normalerweise – in stabilen Populationen – nur ein kleiner Teil der Habichte schon im 1. oder 2. Lebensjahr; der größere Teil brütet erstmalig im 3. Lebensjahr. Die Partner eines Paares bleiben lebenslang zusammen und sind sehr reviertreu. Die Balz beginnt bei günstiger Witterung schon im Januar/

Februar. Dann hört man die Habichte häufig rufen und sieht sie über dem Brutrevier bei kraftvollen Balzflügen, wobei die gespreizten weißen Unterschwanzdecken als optisches Signal auffallen.

Der Horst wird hoch auf alten Bäumen erbaut, bevorzugt auf Nadelbäumen, und oft über mehrere Jahre hinweg benutzt, so daß er ein recht umfangreicher Bau werden kann. Er wird mit grünen Zweigspitzen belegt, auch noch während der Jungenaufzucht.

Legebeginn: Ende März/Anfang April.

Gelegegröße: Meist 3 oder 4, selten nur 2 oder 5 Eier (57 x 44 mm; 61 g), die grünlichweiß und in der Regel ungefleckt sind.

Legeabstand: 2–3 Tage.

Bebrütungsbeginn: Mit dem 1. oder 2. Ei.

Brutdauer: 38 Tage. Zwischen den Partnern eines Brutpaares besteht strenge Aufgabenteilung:

Das Weibchen bleibt rund 3 Monate ständig am Horst, legt und bebrütet die Eier, hudert und füttert die kleinen Jungen; gleichzeitig mausert es sehr stark und ist wegen der Lücken in den Flügeln kaum zur Jagd fähig. Das Männchen schafft während dieser Zeit die Nahrung für die ganze Familie herbei. Erst wenn die Jungen etwa 3 Wochen alt sind, beteiligt sich auch das Weibchen am Beutefang.

Nestlingsdauer: 36–40 Tage. Danach stehen die Junghabichte als „Ästlinge" in der Nähe des Horstes und sind bald darauf voll flugfähig. Sie werden noch 3–4 Wochen von den Eltern mit Beute versorgt, bis sie selbständig sind und verstreichen.

Fortpflanzungsrate: Bei 80% erfolgreichen Bruten mit durchschnittlich 2,4 flüggen Jungen kommen pro Paar und Jahr durchschnittlich 1,9 Junge zum Ausfliegen. Generell ist die Fortpflanzungsrate in dünn besiedelten Gebieten größer als in dicht besiedelten. Es findet offenbar eine Selbstregulation statt, indem bei dicht siedelnden Paaren weniger Junge zum Ausfliegen kommen als bei isoliert brütenden Paaren.

▲ Sterblichkeit: Im 1. Lebensjahr etwa 40%, in folgenden Lebensjahren etwa 30%.

▲ Höchstalter: 19 Jahre in freier Natur, 28 Jahre in Gefangenschaft.

▲ Wanderungen: In Mitteleuropa bleiben die Altvögel während des ganzen Jahres in ihrem Jagdgebiet. Nur die Jungvögel streichen umher (im Durchschnitt ca. 30 km weit), bis sie ein endgültiges Revier gefunden haben. Bei nord- und osteuropäischen Habichten finden dagegen größere Wanderungen statt, mitunter über 1000 km weit.

Spezielle Literatur:

BÜHLER, U. & P.-A. OGGIER (1987): Bestand und Bestandsentwicklung des Habichts *Accipiter gentilis* in der Schweiz. – Orn. Beob. 84: 71–94.

DIETRICH, J. (1982): Zur Ökologie des Habichts – *Accipiter gentilis* – im Stadtverband Saarbrücken. – Dipl.-Arbeit Univ. Saarland.

FISCHER, W. (1980): Die Habichte. – Die Neue Brehm-Bücherei, Band 158. – A. Ziemsen Verlag, Wittenberg Lutherstadt.

LINK, H. (1986): Untersuchungen am Habicht (*Accipiter gentilis*) – Habitatwahl, Ethologie, Populationsökologie. – Deutscher Falkenorden, DFO-Schriftenreihe, Heft 2.

ZIESEMER, F. (1983): Untersuchungen zum Einfluß des Habichts (*Accipiter gentilis*) auf Populationen seiner Beutetiere. – Beitr. z. Wildbiologie, Heft 2, Verlag G. Hartmann, Kronshagen.

Wespenbussard
Pernis apivorus

Länge: um 55 cm
Spannweite: um 130 cm
Gewicht: ♂ im Durchschnitt 730 g
♀ im Durchschnitt 790 g

▲ Vorkommen in Mitteleuropa: Der Wespenbussard kommt in ganz Mitteleuropa – sofern Wald vorhanden ist – als Brutvogel vor, aber in der Regel viel spärlicher als der Mäusebussard. (Letzterer ist insgesamt etwa 12mal häufiger.) Allerdings soll der Wespenbussard z. B. in manchen Alpentälern häufiger sein als der Mäusebussard. Sicher spielt dabei eine Rolle, daß es dort an sonnigen Hängen reichlich Wespen gibt. Als ausgeprägter Zugvogel, der das Winterhalbjahr in Afrika verbringt, hält sich der Wespenbussard bei uns nur von Ende April/Anfang Mai bis Mitte September auf.
Außerdem wird Mitteleuropa in der zweiten Maihälfte und Ende August/Anfang September von durchziehenden schwedischen Wespenbussarden überquert, die dann oft in lockerem Verband und in größerer Zahl am Himmel erscheinen. An den Küsten Ostholsteins (speziell auf Fehmarn) ist dies besonders gut zu beobachten.

▲ Kennzeichen: In der Größe und im Flugbild dem Mäusebussard sehr ähnlich, von dem er jedoch aufgrund folgender Merkmale – nach einiger Übung – gut zu unterscheiden ist: Die Gestalt ist schlanker, die Flügel sind etwas schmaler, der kleinere Kopf ragt weiter vor, und der Schwanz ist deutlich länger. Ein weiteres Kennzeichen besteht darin, daß der Schwanz außer der breiten dunklen Endbinde und einigen schmalen Querstreifen zwei weitere breite dunkle Binden zeigt. Auch die Rufe klingen völlig anders als beim Mäusebussard. Aus der Nähe gesehen bilden die leuchtend gelbe Iris der Augen und das schlitzförmige Nasenloch sichere Erkennungsmerkmale.
Die Gefiederfärbung ist normalerweise oberseits braun, unterseits heller, variiert aber sehr stark von hell bis dunkel. Alte Männchen haben einen

hellgrauen Kopf, während Weibchen meist einen dunkelbraunen, manchmal jedoch auch grauen Kopf haben. Die Körperunterseite ist bei Altvögeln quergebändert, bei Jungvögeln längsgestreift, sofern sie nicht einfarbig dunkelbraun ist.

▲ Stimme: Ziemlich selten zu hören sind laute, etwas wehmütig klingende, hohe „wijeh"- oder „biö"-Rufe, deutlich anders als beim Mäusebussard. Die Bettelrufe der Jungen klingen heiser und kläglich.

▲ Verbreitung: Abgesehen von den Britischen Inseln, wo es nur vereinzelte Brutvorkommen gibt, erstreckt sich das Verbreitungsareal von Westeuropa an in einem breiten Gürtel bis nach Mittel-Sibirien. Die Nordgrenze der Verbreitung verläuft durch das südliche Norwegen sowie durch die nördlichen Gebiete Schwedens, Finnlands und der Sowjetunion, während die Südgrenze durch Südeuropa verläuft sowie entlang dem Steppengürtel in den südlichen Bereich der Sowjetunion.

▲ Lebensraum: Bevorzugt stark strukturierte Landschaften; brütet im Wald, häufig in den Randbereichen, und sucht im Wald und auf angrenzenden offenen Flächen (Lichtungen und Wiesen) seine Nahrung; sowohl im Tiefland als auch im Gebirge (bis zur Waldgrenze).

▲ Siedlungsdichte und Reviergröße: Bestand und Siedlungsdichte in einem bestimmten Gebiet können von Jahr zu Jahr erheblich schwanken, je nachdem, ob es viele oder wenig Wespen gibt. Dies hängt natürlich auch von den Witterungsverhältnissen im Juni/Juli ab. In guten Jahren brüten bis zu 11 Paare auf 100 km^2, während in schlechten Jahren deutlich weniger Paare anwesend sind, die teils nicht

Wespenbussard-Männchen mit Wespenwabe am Horst.

Bestand

Bestandsverhältnisse in Europa: In Mitteleuropa umfaßt der Bestand des Wespenbussards gegenwärtig etwa 8000 Paare (= Mittelwert aus guten und schlechten Jahren) (Benelux-Staaten: ca. 700; BRD: ca. 2500; DDR: mindestens 800; Polen: ca. 2000; ČSSR: ca. 600; Österreich: ca. 1000; Ungarn: 100–150; Schweiz: 300–500 Paare). Etwas höher liegt die Schätzung für Frankreich (ca. 10 000 Paare). Ziemlich spärlich sind die Bestände in Südeuropa (Spanien: ca. 1000; Italien: ca. 300; Balkanländer: ca. 2000 Paare), während sie in Nordeuropa recht stark sind (Dänemark: ca. 900; Schweden: ca. 8000; Finnland: ca. 5000 Paare).
Für den europäischen Teil der Sowjetunion schätzt Gensbøl ca. 35 000 Brutpaare (anhand von Durchzugszahlen in der Nordosttürkei).
Der Gesamtbestand des Wespenbussards in Europa umfaßt somit etwa 70 000 Paare.

Bestandsgefährdung: Obwohl Wespenbussarde auf dem Durchzug in einigen Ländern Südeuropas immer noch illegal abgeschossen werden, scheinen die Bestände doch einigermaßen stabil zu sein. Die starken jährlichen Schwankungen der Brutpaarzahlen und des Bruterfolgs sind offenbar nahrungs- und witterungsbedingt, weil es bei nassem und kühlem Wetter im Frühsommer wenig Wespen gibt, bei günstigem Wetter dagegen reichlich.

Wespenbussard-Weibchen bei der Fütterung seiner Jungen.

zur Brut schreiten, teils die Brut abbrechen, so daß dann im Untersuchungsgebiet keine einzige erfolgreiche Brut zu finden ist. Der Lebensraum eines Brutpaares kann sehr verschieden groß sein, nämlich 4 bis 36 km^2. Gegenüber Artgenossen zeigen die Paare extrem territoriales Verhalten, das sich bis zu 1500 m Entfernung vom Horst auswirken kann; dem entspricht eine Reviergröße von 7 km^2.

▲ Jagdweise und Ernährung: Der Wespenbussard ernährt sich hauptsächlich von Insekten, überwiegend von Wespen und deren Larven. Vom Ansitz aus oder im niedrigen Suchflug entdeckt er am Erdboden das Flugloch eines Wespennestes, das er dann mit den Füßen unter Zuhilfenahme des Schnabels ausgräbt, mitunter bis 40 cm tief. Dabei wird er

wild umschwärmt von den Wespen, die ihn aber wegen seiner dichten und harten Befiederung – besonders zwischen Schnabelgrund und Augen – und wegen der Hornplättchen auf den Füßen nicht stechen können.
Sobald das Wespennest freigelegt ist, reißt er die Waben heraus, um damit zum Horst zu fliegen oder den Inhalt selbst zu fressen. Er erbeutet auch andere größere Insekten wie Heuschrecken und Käfer, daneben Frösche und Jungvögel vor allem dann, wenn es wenig Wespen gibt. Die Larven und Puppen aus den Wespenwaben bilden jedoch die Hauptnahrung bei der Jungenaufzucht. Im Spätsommer frißt er auch Früchte (z.B. Kirschen oder Pflaumen) und Beeren.
▲ Fortpflanzung: Die Geschlechtsreife wird wahrscheinlich im Alter von 2 bis 3 Jahren erreicht. Die Partner eines Paares sind infolge der Reviertreue oft über mehrere Jahre die gleichen. Sofort nach der Ankunft beginnen sie mit der Balz und dem Horstbau. Das Männchen vollführt bei warmem Wetter – auch noch im Hochsommer – einen auffälligen „Schmetterlingsflug", wobei es die Flügel über dem Rücken zusammenschlägt.
Der Horst wird im Wald auf Laub- oder Nadelbäumen gebaut, oft nicht weit vom Waldrand entfernt; er ist meist relativ klein und nicht sehr stabil, falls nicht ein bereits vorhandener alter Horst als Unterlage benutzt wird. Typisch für den Wespenbussard ist, daß er seinen Horst in wesentlich stärkerem Maße als andere Greifvogelarten mit frischen Zweigen belegt und die Mulde mit grünen Blättern auskleidet. Auch während der Jungenaufzucht „begrünt" er den Horst immer wieder neu, was sowohl der Hygiene als auch der Tarnung dienen mag.
Legebeginn: Ende Mai/Anfang Juni.
Gelegegröße: Selten nur 1 Ei, fast immer 2, ganz ausnahmsweise 3 Eier (50 x 41 mm; 49 g), die auf gelblichweißem Grund dicht kastanienbraun gefärbt sind, so daß von der Grundfarbe oft gar nichts mehr zu sehen ist.
Legeabstand: 3 Tage.
Brutdauer: 34 Tage. Beide Partner brüten. Bei der Jungenaufzucht sorgt zunächst das Männchen allein für die Nahrungsbeschaffung, während das Weibchen die Jungen hudert und bewacht; später trägt auch das Weibchen Nahrung herbei. Im Alter von 2 Wochen beginnen die Jungen damit, selbst Larven aus den Waben herauszuziehen, die auf dem Horst liegen. Im Gegensatz zu anderen Greifvogeljungen spritzen junge Wespenbussarde ihren Kot nicht über den Horstrand, sondern setzen ihn auf dem Horstrand ab.
Nestlingsdauer: 40–48 Tage. Nach dem Ausfliegen werden die Jungen noch kurze Zeit von den Eltern versorgt, wobei der Horst weiterhin als Futterübergabeplatz dient.
Fortpflanzungsrate: In schlechten Jahren 0–1, in guten Jahren durchschnittlich 1,6 flügge Junge pro Paar.
▲ Sterblichkeit: ?
▲ Höchstalter: Fast 29 Jahre in freier Natur (aufgrund von Beringung).
▲ Wanderungen: Der Wespenbussard ist ausgeprägter Zugvogel, dessen Winterquartiere im äquatorialen und südlichen Afrika liegen. Auf dem Zug dorthin und zurück ins Brutgebiet überquert er das Mittelmeer meist an den engsten Stellen, was zu starken Konzentrationen bei Gibraltar und am Bosporus führt. Der Herbstzug ist zwischen Mitte August und Mitte September zu beobachten, der Frühjahrszug zwischen Ende April und Ende Mai.

Wespenbussard-Weibchen hat einen frischen Zweig auf den Horst gebracht. Die Jungen sind ca. 3 Wochen alt.

Spezielle Literatur:

GÖTTGENS, H. (1984): Der Wespenbussard (*Pernis apivorus*) im südniedersächsischen Bergland. – Beiträge Naturkunde Niedersachsens 37: 205–220.

KOSTRZEWA, A. (1987): Einflüsse des Wetters auf Siedlungsdichte und Fortpflanzung des Wespenbussards (*Pernis apivorus*). – Vogelwarte 34: 33–46.

MEBS, TH. & H. LINK (1969): Zur Siedlungsdichte und Brutbiologie des Wespenbussards (*Pernis apivorus*) in einem fränkischen Beobachtungsgebiet. – Jahrbuch DFO 1968: 47–53.

SCHUBERT, W. (1977): Brutausfälle beim Wespenbussard (*Pernis apivorus*) in Baden-Württemberg. – Anz. Orn. Ges. Bayern 16: 171–175.

TRAUE, H. & K. WUTTKY (1976): Zur postembryonalen Entwicklung des Wespenbussards (*Pernis apivorus*). – Beiträge Vogelkunde 22: 201–235.

Rohrweihe
Circus aeruginosus

Länge: um 52 cm
Spannweite: um 130 cm
Gewicht: ♂ im Durchschnitt 540 g
♀ im Durchschnitt 740 g

♀

♂

▲ Vorkommen in Mitteleuropa: Im Gegensatz zu Korn- und Wiesenweihe, deren Brutbestände in Mitteleuropa katastrophal abgenommen haben und vom Aussterben bedroht sind, zeigt die Rohrweihe in den Tieflandbereichen Mitteleuropas eine positive Bestandsentwicklung und ist heute wieder ein relativ häufiger Brutvogel. Dies hat vermutlich folgende Gründe: Einstellung der Bejagung, Zunahme geeigneter Lebensräume und auch eine gewisse ökologische Umprägung. Ursprünglich brütete die Rohrweihe nur in Schilf- und Röhrichtbeständen an Gewässern. Seit wenigen Jahrzehnten horstet sie jedoch in zunehmendem Maße auch in Raps- und Getreidefeldern. Gegenwärtig sind die Brutbestände der Rohrweihe folgendermaßen einzuschätzen: Niederlande: ca. 800 Paare; BRD: ca. 1300 Paare, davon ca. 1100 Paare in Niedersachsen und Schleswig-Holstein (hier dritthäufigste Greifvogelart nach Mäusebussard und Turmfalke); DDR: ca. 1700 Paare, hauptsächlich in Mecklenburg und Brandenburg; Polen: ca. 2000 Paare; ČSSR: ca. 600 Paare; Ungarn: 150 bis 200 Paare. In Österreich und in Belgien gibt es nur ca. 40 bzw. ca. 25 Paare. Der Gesamtbestand in Mitteleuropa wird auf ca. 6600 Paare geschätzt. Generell ist die Rohrweihe bei uns nur von Ende März bis September/Oktober anzutreffen, weil sie den Winter in südlicheren Bereichen verbringt.

▲ Kennzeichen: In der Größe entspricht die Rohrweihe etwa einem Mäusebussard, hat jedoch eine wesentlich schlankere Gestalt und auch einen anderen Flugstil. Meist segelt sie im gaukelnden Suchflug in geringer Höhe dahin und hält dabei die langen und breiten Flügel schräg nach oben.

Beim ausgefärbten alten Männchen sind Rücken und Schultern dunkelbraun, die Flügel grau und an der

Rohrweihen-Jungvogel im Flug.

Spitze schwarz, der lange Schwanz ist hellgrau; Kopf und Hals sind hell rostgelb mit dunkelbrauner Strichelung, während Bauch und Schenkel rostbraun gefärbt sind.
Das alte Weibchen ist fast einfarbig dunkelbraun, nur Scheitel, Kehle und Flügelbug sind gelblichweiß.
Bei den ebenfalls dunkelbraunen Jungvögeln sind Scheitel und Kehle noch nicht so hell, sondern rotbraun bis dottergelb gefärbt.
▲ Stimme: Nur am Brutplatz zu hören. Beim Balzflug ruft das Männchen „kuäh" oder „klijä", bei der Revierverteidigung „kuik". Bei Störungen am Brutplatz warnen beide Geschlechter mit keckernden Rufreihen. Der Bettelruf der Jungen ist ein durchdringendes „piejäh".
▲ Verbreitung: Von Nordwestafrika und den Mittelmeerländern im Süden bis nach Südschweden und Südfinnland im Norden sowie ostwärts in einem breiten Gürtel quer durch Asien bis zum Pazifik; außerdem in Neuguinea, Australien und Neuseeland.
▲ Lebensraum: Wie alle Weihen lebt auch die Rohrweihe generell im offenen Gelände, vorwiegend im Tiefland, während gebirgige Gegenden weitgehend gemieden werden. In erster Linie bewohnt sie Schilf- und Röhrichtbestände in Verlandungszonen von Gewässern. Mitunter können auch sehr kleine Schilfflächen als Brutplatz dienen, wenn sie ungestört sind. Neuerdings finden Bruten in zunehmendem Maße auch in Raps- und Getreidefeldern statt.

▲ Siedlungsdichte und Reviergröße: In günstigen Lebensräumen kann die Siedlungsdichte erstaunlich hoch sein. So brüteten im Matsalu-Nationalpark in der Estnischen SSR rund 30 Paare auf einer Fläche von 15,4 km^2. Am Süßen See bei Eisleben (DDR) horsteten 6 Paare auf einer Uferstrecke von 850 m, wobei der geringste Abstand zwischen zwei Horsten nur 36 m betrug. Derart hohe Siedlungsdichten sind deshalb möglich, weil nur ein kleiner Bereich rings um den Horst gegen Artgenossen verteidigt wird. Die Nahrungsreviere (=Jagdflächen der Männchen) während der Brutperiode umfassen dagegen 3 bis 15 km^2. Bei einer großräumigen Bestandsaufnahme auf fast 4000 km^2 waldfreier Fläche im Bezirk Frankfurt/Oder (DDR) wurden 216 Paare festgestellt, was einer Siedlungsdichte von 5 Paaren/100 km^2 entspricht.

▲ Jagdweise und Ernährung: Im niedrigen Suchflug über Schilf- und Wasserflächen sowie über dem angrenzenden offenen Gelände nutzt die jagende Rohrweihe den Überraschungseffekt, indem sie ein Beutetier durch plötzliches Erscheinen zu überrumpeln versucht. Sie greift ihre Beutetiere meist am Boden, auch zwischen dichter Vegetation, seltener auf dem Wasser oder in der Luft. In der Hauptsache handelt es sich dabei um Vögel (meist junge), daneben um Kleinsäuger. Bei Gradationen von Feldmäusen bilden diese jedoch den weit überwiegenden Teil der Nah-

Links: Rohrweihen-Weibchen am Horst.

Rechts: Rohrweihen-Männchen (noch nicht ausgefärbt).

rung. In geringem Maße werden auch Fische, Frösche und Reptilien erbeutet, außerdem gelegentlich Vogeleier aus Nestern genommen und verzehrt.

▲ Fortpflanzung: Geschlechtsreife im Alter von 2 oder 3 Jahren. Gleich nach dem Eintreffen im Brutgebiet vollführt das balzende Männchen auffällige Schauflüge in bewundernswerter Luftakrobatik. Hoch am Himmel kreisend läßt es sich unter jauchzenden Rufen wie ein bunter Lappen steil heruntertrudeln, um sich gleich darauf im Bogen nach oben überschlagend wieder aufzufangen.

Der Horst wird normalerweise im dichten vorjährigen Schilf- oder Rohrbestand auf umgeknickten Halmen errichtet, aber auch in Raps- oder Getreidefeldern, sofern diese schon hoch genug gewachsen sind.

Legebeginn: Ende April/Anfang Mai.

Gelegegröße: Meist 4 oder 5, seltener nur 3 oder 6 weiße Eier (50 x 39 mm; 40 g).

Legeabstand: 2 bis 3 Tage.

Brutdauer: 32–34 Tage. Es brütet allein das Weibchen, während das Männchen Beute herbeiträgt. Da das Gelege vom 1. oder 2. Ei an bebrütet wird, schlüpfen die Jungen entsprechend den Legeabständen in mehrtägigem Abstand. Häufig gehen die kleinsten Jungen wegen Unterernährung zugrunde. Schon im Alter von etwa 35 Tagen verlassen die Jungen den Horst zu Fuß und halten sich in der Nähe auf, sind aber erst im Alter von etwa 56 Tagen voll flugfähig.

Fortpflanzungsrate: Im Mittel 2,2 flügge Junge pro Paar und Jahr.

▲ Sterblichkeit: Je etwa 50% im er-

Bestand

Bestandsverhältnisse in Europa: Der größte Teil des europäischen Bestandes lebt in der nördlichen Hälfte Mitteleuropas (siehe oben; insgesamt ca. 6600 Paare) sowie im europäischen Bereich der Sowjetunion, von wo allerdings keine Bestandsschätzungen vorliegen.

Ebenso wie in den Niederlanden, in Norddeutschland und in Polen hat die Rohrweihe auch in Dänemark sowie in den südlichen Teilen von Schweden und Finnland in den letzten zwei Jahrzehnten deutlich zugenommen, so daß der Bestand in Nordeuropa gegenwärtig mindestens 1200 bis 1500 Paare umfaßt.

Demgegenüber sind die Bestände in West- und Südeuropa ziemlich spärlich und zeigen in den meisten Ländern anhaltenden Rückgang (Großbritannien: ca. 30 Paare; Frankreich: ca. 850 Paare; Spanien: ca. 200 Paare; Italien: ca. 30 Paare; Griechenland: ca. 130 Paare; Bulgarien: ca. 80 Paare; Jugoslawien und Rumänien: einige hundert Paare).

Der Gesamtbestand in Europa – allerdings ohne Sowjetunion – umfaßt schätzungsweise etwa 9800 Paare.

Bestandsgefährdung: Vor allem in Süd- und Osteuropa nehmen die Bestände durch Lebensraumzerstörung infolge von Entwässerungsmaßnahmen und z.T. auch noch durch direkte Verfolgung immer weiter ab. Außerdem wirken sich radikaler Schilfschnitt und Störungen am Brutplatz sehr nachteilig aus. Bruten in Raps- und Getreidefeldern sind durch Erntemaschinen gefährdet und können oft nur dadurch gerettet werden, daß man die Jungen in ein benachbartes Feld umsetzt, das zu einem späteren Zeitpunkt abgeerntet wird.

Junge Rohrweihen (2–3 Wochen alt) im Horst.

sten und im zweiten Lebensjahr, etwa 25% in späteren Lebensjahren.

▲ Höchstalter: 17 Jahre in freier Natur (aufgrund von Beringung).

▲ Wanderungen: Zugvogel, der überwiegend in Afrika südlich der Sahara überwintert, teilweise auch schon in Südwesteuropa und im Mittelmeerraum. Der Wegzug beginnt Mitte August, hat seinen Höhepunkt in der ersten Septemberhälfte und endet im Oktober. Die Rückkehr ins mitteleuropäische Brutgebiet erfolgt zwischen Ende März und Mitte April.

Spezielle Literatur:

BOCK, W. F. (1978): Jagdgebiet und Ernährung der Rohrweihe (*Circus aeruginosus*) in Schleswig-Holstein. – Journal für Ornithologie 119: 298–307.

BOCK, W. F. (1979): Zur Situation der Rohrweihe (*Circus aeruginosus*) in Schleswig-Holstein. – Journal für Ornithologie 120: 416–430.

SCHMIDT, A. & W. WEISS (1972): Zur Siedlungsdichte, Biologie und Ökologie der Rohrweihe (*Circus aeruginosus*) im Bezirk Frankfurt (Oder). – Beitr. z. Tierwelt d. Mark 8: 59–72.

WONNEBERGER, G. (1975): Zur Brutbiologie der Rohrweihe am Niederrhein. – Charadrius 11: 101–115.

Baumfalke
Falco subbuteo

Länge: 30–36 cm
Spannweite: 76–82 cm
Gewicht: ♂ im Durchschnitt 200 g
♀ im Durchschnitt 230 g

▲ Vorkommen in Mitteleuropa: Der Baumfalke ist über ganz Mitteleuropa verbreitet, jedoch nirgends häufig. Am ehesten kann man ihn im Tiefland antreffen, denn $^3/_4$ des mitteleuropäischen Bestandes leben in den Niederlanden, in der Norddeutschen Tiefebene und in Polen. Als ausgesprochener Zugvogel, der den Winter in Afrika verbringt, hält er sich bei uns im Brutgebiet nur von April bis Oktober auf. An die Jagd im freien Luftraum ist der Baumfalke besonders gut angepaßt; er fliegt so schnell und gewandt, daß er sogar Schwalben und Segler erbeuten kann. Im Spätsommer eine Baumfalkenfamilie mit flüggen Jungen bei ihren Flügen zu beobachten, ist ein beglückendes Erlebnis.

▲ Kennzeichen: Mit seinem schlanken, schnittigen Flugbild erinnert der Baumfalke etwas an das des Mauerseglers in entsprechender Vergrößerung. Er hat sehr lange und spitze, sichelförmige Flügel und einen relativ kurzen Schwanz.
An der dunkelblaugrauen Oberseite und am deutlich kürzeren Schwanz kann man ihn leicht vom etwa gleich großen Turmfalken unterscheiden. Außerdem rüttelt der Baumfalke so gut wie nie, sondern jagt in schnellem Flug über weite Strecken. Sehr kennzeichnend ist auch der schmale schwarze Backenstreif, der sich scharf von dem Weiß an Kehle und Wangen abhebt. Die Unterseite des Körpers zeigt auf hellem Grund kräftige dunkle Längsflecken. Hosen und Unterschwanzdecken sind bei Altvögeln rostrot, bei Jungvögeln dagegen gelblich. Außerdem sind Jungvögel

Baumfalke auf seinem Auslugplatz.

auch daran zu erkennen, daß bei ihnen Kehle und Wangen gelb statt weiß sind; die Streifung der Unterseite ist dichter als bei den Altvögeln; die Schwanzfedern zeigen einen hellen, gelblichen Saum.
Die Unterscheidungsmerkmale zum sehr ähnlichen Rotfußfalken werden bei dessen Artbeschreibung genannt.
▲ Stimme: Eine rasche Folge von hohen „gigigigig"-Rufen, ein lockendes „pitt-pitt" und ein bettelndes „gäd-gäd-gäd". Am Brutplatz außerdem einige weitere Lautäußerungen.
▲ Verbreitung: Fast ganz Europa – ausgenommen große Teile der Britischen Inseln, Irland und Island, Norwegen sowie die Nordhälfte Schwedens und Finnlands – und in einem breiten Gürtel quer durch Asien bis zum Stillen Ozean. In China lebt eine etwas kleinere Unterart.
▲ Lebensraum: Der Baumfalke bevorzugt die Randpartien von alten Kiefernwäldern, wo er Krähennester zur Brut benutzt, um über dem anschließenden offenen Gelände zu jagen. Die Brutplätze können aber auch am Rand von Laub- und Mischwäldern, in Parklandschaften, Auwäldern, Feldgehölzen oder Baumreihen liegen. Gern lebt er in der Nähe von Feuchtgebieten (Teichen und Seen), wo man ihn z. B. bei der Jagd auf Libellen beobachten kann. Oft jagt er auch über Dörfern und in den Randzonen von Städten auf Kleinvögel.

Generell ist er im Tiefland häufiger als in gebirgigen Gegenden. Es wurden aber schon Brutplätze in Höhenlagen von 1000 m über NN gefunden.

▲ Siedlungsdichte und Reviergröße: In sehr günstigen Gebieten kann die Siedlungsdichte 7–13 Brutpaare auf 100 km^2 betragen. So wurden in Berlin-West auf einer Untersuchungsfläche von rund 220 km^2 (davon 75 km^2 Wald) im Jahr 1964 insgesamt 28 Brutpaare festgestellt; benachbarte Brutplätze waren im Mittel knapp 2 km voneinander entfernt, in einem Fall nur 370 m. Heute ist der Brutbestand in Berlin-West nur noch etwa halb so groß. In weniger günstigen Gebieten beträgt die Siedlungsdichte nur 1–3 Brutpaare auf 100 km^2; dies scheint gegenwärtig für die meisten Bereiche zu gelten. Das Jagdrevier des Männchens liegt in der Regel 2–3 km vom Horst entfernt.

▲ Jagdweise und Ernährung: Sehr schneller und wendiger Luftjäger, der aus dem Schräg- oder Steilstoß, manchmal auch aus flachem Pirschflug fliegende Kleinvögel erbeutet. In der Reihenfolge der Häufigkeit handelt es sich hierbei vor allem um Sperlinge, Schwalben, Lerchen, Mauersegler, Finken, Stare und Ammern. Aber auch viele andere Arten von Kleinvögeln werden erbeutet, so z. B. in Berlin auch erstaunlich viele entflogene Wellensittiche. Daneben fängt der Baumfalke häufig fliegende Insekten, vor allem Libellen und Käfer, oft noch in der Abenddämmerung. Im afrikanischen Winterquartier ernährt er sich hauptsächlich von schwärmenden Termiten.

▲ Fortpflanzung: Baumfalken brüten erstmalig im Alter von 2 Jahren mit Erfolg. Aufgrund der sehr ausgeprägten Brutortstreue sind die Partner

Bestand

Bestandsverhältnisse in Europa: In Mitteleuropa wird der Bestand des Baumfalken gegenwärtig auf ca. 6500 Brutpaare geschätzt (Benelux-Staaten, hauptsächlich Niederlande: ca. 1750; BRD: ca. 1500; DDR: über 400; Polen: ca. 2000; ČSSR: ca. 300; Österreich und Ungarn: jeweils ca. 200; Schweiz: ca. 150).
In Westeuropa leben schätzungsweise ca. 6300 Brutpaare (Großbritannien: ca. 100; Frankreich: ca. 1900; Spanien: ca. 4000; Portugal: ca. 300),
in Süd- und Südosteuropa dagegen nur ca. 1000 Brutpaare (Italien und Jugoslawien: jeweils ca. 200; Griechenland und Rumänien: jeweils ca. 100; Bulgarien: ca. 400). In Schweden schätzt man ca. 1000 Paare, in Finnland ca. 2000.
Aus dem europäischen Teil der Sowjetunion, wo es sicher mehrere tausend Brutpaare gibt, liegen keine Zahlen vor.
Doch dürfte der europäische Gesamtbestand gegenwärtig mindestens 20 000 Brutpaare umfassen.

Bestandsgefährdung: In vielen Gebieten wurde in den letzten Jahrzehnten ein z. T. beträchtlicher Rückgang festgestellt, der hauptsächlich auf nachteilige Lebensraumveränderungen zurückgeführt wird. Doch scheinen die Bestände in anderen Gebieten noch einigermaßen stabil zu sein. Eine Belastung mit Bioziden scheint bisher nicht oder nur in geringem Umfang vorzuliegen. Es kann aber nicht ausgeschlossen werden, daß die genannten Faktoren eine zunehmende Bestandsgefährdung bewirken, vor allem in Verbindung mit gleichzeitiger Verringerung des Nahrungsangebotes (Rückgang von Kleinvogel- und Insekten-Beständen).

Baumfalke bei der Fütterung seiner Jungen (ca. 3 Wochen alt).

eines Paares über mehrere Jahre hinweg dieselben, solange sie leben. Nach dem Eintreffen im Brutgebiet findet ab Ende April/Anfang Mai die Balz statt mit häufigem Rufen, Balzflügen, „Zeigen“ des Horstes, „Balzfüttern“ (= Beuteübergaben vom Männchen an das Weibchen) sowie Kopulationen.
Als Brutplätze dienen in der Regel Nester von Raben- bzw. Nebelkrähen, sowohl vorjährige als auch neue Nester, in denen die Krähen bereits gebrütet und Junge aufgezogen haben. Da die jungen Krähen schon Ende Mai ausfliegen, die Baumfalken aber erst Anfang Juni mit der Brut beginnen, ist solche Folgenutzung eines Nestes gut möglich. Hochstehende Nester mit freiem Anflug werden bevorzugt.
Legebeginn: Ab Ende Mai, meist Anfang Juni.
Gelegegröße: 2 bis 4, meist 3 Eier (42 × 33 mm; 24 g), die auf gelblichbraunem Grund kleine dunkle Flekken oder Punkte zeigen.
Legeabstand: 2 Tage.

Baumfalke im Flug.

Brutdauer: 28 bis 31 Tage. Während dieser Zeit verhalten sich Baumfalken sehr unauffällig. Es brütet fast ausschließlich das Weibchen, das vom Männchen am Morgen und gegen Abend mit Beute versorgt wird. Auch bei der Jungenaufzucht herrscht strenge Arbeitsteilung. Das Weibchen hudert, füttert und bewacht die Jungen, attackiert Eindringlinge und fliegt dem mit Beute ankommenden Männchen entgegen, um ihm die Beute in der Luft abzunehmen.

Nestlingsdauer: 28 bis 34 Tage. Nach dem Ausfliegen – meist Mitte August – verhalten sich die Jungen sehr auffällig, rufen im Chor, sobald sich ein Altvogel mit Beute nähert, und fliegen ihm entgegen, um die Beute zu übernehmen. Trotz eigener erfolgreicher Insektenjagd werden die Jungen noch bis Mitte September vom Männchen gefüttert, also bis kurz vor dem Abzug ins Winterquartier.

Fortpflanzungsrate: Schwankt beträchtlich in Abhängigkeit von den Witterungsverhältnissen und beträgt im Mittel 1,9 flügge Junge pro Paar und Jahr.

▲ Sterblichkeit: 65% im 1. Lebensjahr (ab Ausfliegen) und etwa 22% in späteren Lebensjahren.

▲ Höchstalter: 15 Jahre (aufgrund von Beringung).

▲ Wanderungen: Der Baumfalke ist ein ausgesprochener Zugvogel, der das Brutgebiet im September verläßt, z.T. auch erst Anfang Oktober, um im tropischen Afrika südlich des Äquators zu überwintern. Auf dem Weg dorthin überquert er das Mittelmeer und die Sahara im Breitfrontzug. Rückkehr ins Brutgebiet im April, z.T. auch erst im Mai (dann wohl hauptsächlich Jungvögel).

Spezielle Literatur:

FIUCZYNSKI, D. (1987): Der Baumfalke (*Falco subbuteo*). Die Neue Brehm-Bücherei, Band 575. – A. Ziemsen Verlag, Wittenberg Lutherstadt.

OTTENBERGER, K. (1983): Beobachtungen am Baumfalken (*Falco subbuteo*) in einem Brutrevier am Stadtrand von München. – Anzeiger Orn. Ges. Bayern 22: 197–210.

SPILLNER, W. (1974): Am Horst des Baumfalken [16 Fotos]. – Falke 21: 202–211.

Rotmilan
Milvus milvus

Länge: um 62 cm
Spannweite: um 160 cm
Gewicht: ♂ im Durchschnitt 930 g
♀ im Durchschnitt 1140 g

▲ Vorkommen in Mitteleuropa: Der Rotmilan hat in Mitteleuropa sein bedeutendstes Vorkommen mit insgesamt etwa 5000 Paaren; das ist mehr als die Hälfte des Gesamtbestandes der ganzen Welt! Erfreulicherweise wird zunehmende Tendenz beobachtet. Aufgrund neuester Schätzungen ist der Bestand in der DDR auf mehr als 2500 Paare angewachsen; in der BRD gibt es ca. 1900 Paare (davon etwa $^{2}/_{3}$ in Hessen, Westfalen und Niedersachsen), in Polen ca. 300 Paare und in der Schweiz mehr als 200 Paare.

Demgegenüber ist der Rotmilan in den übrigen Ländern Mitteleuropas ein sehr seltener Brutvogel oder fehlt ganz (Benelux-Staaten: ca. 25 Paare, ČSSR: ca. 20 Paare; Österreich und Ungarn: nur gelegentlich 1–2 Paare). Da der Rotmilan einen großen Teil des Tages mit kilometerweiten Flügen auf der Suche nach Nahrung verbringt, ist er in den Gebieten seines Vorkommens ziemlich häufig zu beobachten. Mit seinem schönen Flugbild ist er eine besonders eindrucksvolle Greifvogelgestalt und ein sehr belebendes Element in der Landschaft. Obwohl er bei uns normalerweise Zugvogel ist, der den Winter hauptsächlich in Südwesteuropa verbringt, werden seit einigen Jahrzehnten in zunehmendem Maße auch in Mitteleuropa Überwinterungen beobachtet und zwar in Bereichen, wo dies nahrungsmäßig möglich ist. Die Überwinterer übernachten an Gemeinschafts-Schlafplätzen.

▲ Kennzeichen: Im Flug zeigen die langen, etwas gewinkelten Flügel unterseits einen großen weißen Fleck

vor den schwarzen Spitzen der Handschwingen. Das Hauptkennzeichen ist die tiefe Gabelung des langen, fuchsroten Schwanzes; darauf ist auch der volkstümliche Name „Gabelweihe“ zurückzuführen. Aufgrund dieses Merkmals sind Verwechslungen mit anderen Arten auszuschließen. (Beim Schwarzmilan ist der Schwanz weniger eingekerbt und nicht rötlich, sondern graubraun.)
Die Gefiederfärbung ist oberseits rostbraun mit helleren Federsäumen, unterseits rostrot mit schwarzen Schaftstrichen. Der Kopf ist bei Altvögeln weißlich mit dunkler Strichelung, bei Jungvögeln dagegen mehr rotbraun.

▲ Stimme: Vor allem in der Nähe des Brutplatzes ist ein langgezogenes, trillerndes „gliehihihihi“ zu hören; der Warnruf klingt wie „biijö-biwitt“.

▲ Verbreitung: Im Vergleich zum Schwarzmilan hat der Rotmilan ein sehr kleines Brutareal. Es erstreckt sich von den Kanarischen Inseln, Nordwestafrika und der Iberischen Halbinsel über Süd- und Mitteleuropa bis nach Südschweden und in die westlichen Randgebiete der europäischen Sowjetunion. Außerdem gibt es isolierte Vorkommen in Wales (Großbritannien) und im Kaukasus.

▲ Lebensraum: Offene Landschaft mit Wäldern, die lichte Altholzbestände zum Horsten aufweisen. Als ausgeprägter Segelflieger horstet er wegen der Thermik gern an bewaldeten Berghängen, z. B. über Flußtälern, aber – im Gegensatz zum Schwarzmilan, der eng an Gewässer gebunden ist – auch fern von Gewässern in trockenen, hügeligen Gegenden. Die Suchflüge nach Nahrung erstrecken sich vom Horst aus kilometerweit über das Land und sind oft auch über Ortschaften zu beobachten.

▲ Siedlungsdichte und Reviergröße: Vor allem in Landschaften mit Lößböden hat der Rotmilan generell eine relativ hohe Siedlungsdichte. Besonders dicht besiedelt ist der Hakel in der Magdeburger Börde (DDR), ein 13 km^2 großes Waldgebiet, in dem im Jahr 1979 insgesamt 136 Paare horsteten, also durchschnittlich 10 Paare auf 1 km^2. Diese extrem hohe Siedlungsdichte erklärt sich durch die isolierte

Bestand

Bestandsverhältnisse in Europa: Neben dem Hauptvorkommen in Mitteleuropa (ca. 5000 Paare) gibt es weitere Verbreitungszentren in Frankreich (ca. 2600 Paare) und Spanien (mehr als 1000 Paare).
Im übrigen Südeuropa sind die Bestände gering und gehen zurück (Portugal: ca. 150 Paare, Süd-Italien: ca. 230 Paare); auf der Balkanhalbinsel fehlt der Rotmilan fast völlig; im Westen der Sowjetunion ist er selten. Die Bestände in Südschweden (mehr als 80 Paare) und in Dänemark (ca. 15 Paare) nehmen dagegen zu.
Das isolierte Brutvorkommen in Wales (Großbritannien) umfaßt ca. 40 Paare.
Der Gesamtbestand in Europa ist auf ca. 9200 Paare zu schätzen.

Bestandsgefährdung: In Ost- und Südeuropa ist der Rotmilan noch immer durch illegale Bejagung gefährdet. Außerdem führt das heimtückische Auslegen von vergifteten Ködern gerade bei dieser Greifvogelart, die gern tote Tiere annimmt, zu entsprechenden Verlusten. Solche Fälle kamen in den letzten Jahren leider auch in der BRD mehrfach vor.

Lage dieses Waldgebietes in einer sehr nahrungsreichen Landschaft; hinzukommt, daß der Hakel als Wildschutzgebiet gegen Störungen abgeschirmt ist. Dieses Beispiel zeigt auch, daß der Rotmilan – ähnlich wie der Schwarzmilan – in sehr enger Nachbarschaft zu Artgenossen und auch zu anderen Greifvogelarten brüten kann.
Die Nahrungsflüge erstrecken sich jedoch im Mittel bis 5 km weit vom Brutplatz, maximal sogar bis 12 km weit.

▲ Jagdweise und Ernährung: Die Jagd betreibt der Rotmilan ausschließlich aus dem Suchflug über offenen Flächen der Kulturlandschaft, indem er täglich ein sehr großes Areal in relativ geringer Höhe überfliegt, vorwiegend im Gleit- und Segelflug. Sobald er eine Beute erspäht hat, nimmt er diese meist im Darüberhinweggleiten blitzschnell zugreifend mit, ohne sich auf den Erdboden niederzulassen. Aktiv erbeutet er auf diese Weise vor allem Kleinsäuger (z.B. Mäuse, Hamster – wo diese vorkommen – und Junghasen) sowie kleine bis mittelgroße Vögel (häufig Jungtiere). Zum Teil handelt es sich dabei um geschwächte Tiere oder solche, die z.B. durch landwirtschaftliche Maschinen verletzt oder getötet worden sind. Aas und Fleischabfälle werden immer gern angenommen. Gelegentlich kann der Rotmilan andere fliegende Greifvögel, die Beute tragen, so sehr bedrängen, daß sie die Beute fallen lassen. An Gewässern nimmt er auch Fische, jedoch seltener als der Schwarzmilan. Generell

Rotmilan am Ruheplatz.

Junge Rotmilane (etwa 1 Woche alt) im Horst.

ist die Ernährung des Rotmilans sehr vielseitig und paßt sich den örtlichen Möglichkeiten an.

▲ Fortpflanzung: Die Geschlechtsreife wird im Alter von 3 Jahren erreicht. Die Paare sind sehr reviertreu und vollführen ab Ende März/Anfang April eindrucksvolle Balzflüge über ihrem Brutplatz.

Der Horst wird hoch auf alten Bäumen, oft in den Randzonen von Wäldern, gern in lichten Beständen von Eichen, Buchen oder Kiefern errichtet. Häufig wird er über mehrere Jahre hinweg benutzt, gelegentlich aber auch ein vorhandener Horst (z.B. vom Mäusebussard) angenommen und ausgebessert. Typisch für beide Milanarten ist die Auskleidung der Horstmulde mit Papier, Plastikfetzen, Lumpen, Fellstücken und ähnlichen Fundgegenständen.

Legebeginn: Im April.

Gelegegröße: Meist 2 oder 3, seltener 4 Eier (57×45 mm; 61 g), die auf trübweißem Grund mehr oder weniger stark rötlichbraune Flecken und charakteristische dunkle Schnörkel zeigen.

Legeabstand: 3 Tage.

Brutdauer: 32 Tage.

Es brütet allein das Weibchen, das vom Männchen mit Nahrung versorgt und dann auch für kurze Zeit beim Brüten abgelöst wird. Da vom 1. Ei ab gebrütet wird, schlüpfen die Jungen entsprechend dem Legeabstand. Sie werden bis zum Alter von etwa 2 Wochen vom Weibchen gehudert und bewacht, während das Männchen für die Ernährung der ganzen Familie sorgt. Danach beteiligt sich auch das Weibchen an der Nahrungsbeschaffung.

Nestlingsdauer: 48 bis 54 Tage. Nach dem Ausfliegen werden die Jungen noch etwa 4 Wochen von den Eltern betreut.

Fortpflanzungsrate: Durchschnittlich 1,8 Junge pro Paar und Jahr.

▲ Sterblichkeit: Im 1. Lebensjahr: 40%, im 2. und 3. Lebensjahr: jeweils etwa 20%, in späteren Lebensjahren: jeweils etwa 12%.

Rotmilan im Segelflug.

Rotmilan bringt eine Wühlmaus zum Horst. Der Jungvogel ist fast flügge.

▲ Höchstalter: 26 Jahre in freier Natur, 38 Jahre in Gefangenschaft.

▲ Wanderungen: Südeuropäische Populationen sowie die kleine britische Population sind Standvögel, während mitteleuropäische Rotmilane großenteils Zugvögel sind, die hauptsächlich in Südfrankreich, Spanien und Portugal überwintern. Seit einigen Jahrzehnten kommen jedoch Überwinterungen auch in Mitteleuropa vor, ebenso in Südschweden, wo dies durch das Auslegen von Fleisch gefördert wird. Der Wegzug aus dem mitteleuropäischen Brutgebiet erfolgt ab Mitte August mit Höhepunkt im September/Oktober. Der Heimzug findet ab Ende Februar und hauptsächlich im März statt.

Spezielle Literatur:

ORTLIEB, R. (1980): Der Rotmilan (*Milvus milvus*). – Neue Brehm-Bücherei, Bd. 532. – A. Ziemsen Verlag, Wittenberg Lutherstadt.

PETERS, J. (1979): Der gegenwärtige Brutbestand des Rotmilans (*Milvus milvus*) in Niedersachsen unter besonderer Berücksichtigung des südniedersächsischen Raumes. – Faun. Mitt. Süd-Nds. 2: 37–58.

TRAUE, H. & K. WUTTKY (1966): Die Entwicklung des Rotmilans (*Milvus milvus* L.) vom Ei bis zum flüggen Vogel. – Beitr. Vogelkunde 11: 253 - 275.

ULFSTRAND, S. (1970): Die neuzeitliche Überwinterung des Rotmilans, *Milvus milvus*, in Südschweden. – Journal für Ornithologie 111: 85–93.

Schwarzmilan
Milvus migrans

Länge: um 57 cm
Spannweite: um 150 cm
Gewicht: ♂ im Durchschnitt 810 g
♀ im Durchschnitt 850 g

▲ Vorkommen in Mitteleuropa: Der Schwarzmilan ist nahrungsmäßig eng an Gewässer gebunden. Deshalb liegen die Schwerpunkte seines Vorkommens an den Seen in der Schweiz (ca. 1250 Paare); in der BRD (ca. 800 Paare) hauptsächlich am Oberrhein und Neckar, an der Donau und am Main; in der DDR (ca. 800 Paare) in den seenreichen Gebieten und Flußtälern Mecklenburgs, Brandenburgs und der Lausitz sowie im Bezirk Magdeburg. In Polen wird der Bestand auf ca. 500 Paare geschätzt. Demgegenüber brüten in den Benelux-Staaten weniger als 10 Paare, in Österreich ca. 20 Paare (in den Donau- und Marchauen), in der ČSSR ca. 40 Paare (hauptsächlich in der Ostslowakei) und in Ungarn ca. 30 Paare.
Der Gesamtbestand in Mitteleuropa ist auf ca. 3500 Paare zu schätzen. Als Zugvogel, der den Winter in Afrika verbringt, ist der Schwarzmilan bei uns nur von März/April bis September zu beobachten.

▲ Kennzeichen: Etwas größer als Mäusebussard, mit langen, ziemlich breiten Flügeln und langem Schwanz, der am Ende schwach eingekerbt ist. Die Gefiederfärbung ist überwiegend dunkelbraun; nur der Kopf ist etwas heller mit dunkler Strichelung. Im Flug bilden die schwache Einkerbung des Schwanzes und die fast einheitliche dunkle Färbung leicht erkennbare Unterscheidungsmerkmale zum Rotmilan.

Schwarzmilan füttert seine ca. 3 Wochen alten Jungen.

Schwarzmilan-Gelege

Schwarzmilan im Segelflug.

Bestand

Bestandsverhältnisse in Europa: Die Masse des europäischen Bestandes lebt in Spanien (ca. 25000 Paare) und in Frankreich (ca. 7000 Paare) sowie im europäischen Teil der Sowjetunion, von wo allerdings keine Gesamtzahlen vorliegen. Danach folgen Mitteleuropa (ca. 3500 Paare, s. oben), Italien und Portugal (jeweils ca. 1000 Paare). Auf der Balkanhalbinsel ist die Art sehr stark zurückgegangen, so daß dort nur noch etwa 300 Paare vorhanden sind.
Der Gesamtbestand in Europa – ohne Sowjetunion – wird auf ca. 37800 Paare geschätzt.

Bestandsgefährdung: Wahrscheinlich ist der Schwarzmilan hauptsächlich durch die Belastung von Gewässern mit Umweltgiften gefährdet, zumal dadurch auch seine Ernährungsbasis (vor allem Fische) verringert wird.

Schwarzmilan im Gleitflug (hier ist die Bestimmung schwierig).

Jungvögel haben im Vergleich zu Altvögeln einen etwas helleren Körper und helle Säume der Flügeldeckfedern.

▲ Stimme: Am Brutplatz sind oft trillernde Rufreihen zu hören, die denen des Rotmilans ähneln.

▲ Verbreitung: Der Schwarzmilan bewohnt in 6 Rassen große Bereiche Europas, Asiens und Afrikas sowie Teile von Neuguinea und Australien. Er hat auch den Namen „Schmarotzermilan" und wird als die häufigste Greifvogelart der ganzen Welt betrachtet. In Europa verläuft die Nordwestgrenze seiner Verbreitung von Mittel-Frankreich durch Luxemburg, Niedersachsen und Schleswig-Holstein zum südlichen Finnland. Er fehlt also auf den Britischen Inseln, in Dänemark und Skandinavien. Jedoch gibt es ein isoliertes Brutvorkommen von ca. 5 Paaren in Norbotten/Nordschweden.

▲ Lebensraum: Landschaften mit Seen und/oder Flußtälern, wo er meist in der Nähe in altem Waldbestand brütet, manchmal auch in größerer Entfernung von den Gewässern.

▲ Siedlungsdichte und Reviergröße: Da der Schwarzmilan recht gesellig ist und nur den engeren Horstbezirk gegen Artgenossen verteidigt, kann die Siedlungsdichte in günstigen, nahrungsreichen Lebensräumen sehr hoch sein. So sind auf einer Untersuchungsfläche von 484 km^2 am Neuenburger See (Schweiz) im Jahr 1968 insgesamt 337 besetzte Horste gefunden worden, das sind 69 Paare auf 100 km^2; im Detail war die Siedlungsdichte in den unmittelbar am See gelegenen Auwäldern noch wesentlich höher, nämlich 17 Paare auf 1 km^2. In einem isoliert gelegenen Waldgebiet von 12 km^2 Fläche am Rhein brüteten im Jahr 1968 insgesamt 45 Paare. Normalerweise ist die Siedlungsdichte jedoch wesentlich geringer. Die Jagdflüge können sich vom Horst aus mehrere Kilometer weit erstrecken.

▲ Jagdweise und Ernährung: Der Schwarzmilan sucht seine Nahrung im langsamen, niedrigen Suchflug über Wasserflächen und offenem Gelände, auch über Ortschaften. Häufig nimmt er tote oder kranke Fische von der Wasseroberfläche auf. Außerdem geht er gern an Aas und schmarotzt bei anderen Vogelarten, denen er die Beute abjagt. Aktiv erbeutet er Kleinsäuger und Vögel (meist Jungtiere); gelegentlich nimmt er auch Amphibien, Insekten und Regenwürmer vom Boden auf.

▲ Fortpflanzung: Die Geschlechtsreife wird – erstaunlicherweise – erst im Alter von 4 Jahren erreicht. Die Partner eines Paares sind wegen der ausgeprägten Reviertreue oft über Jahre hinweg dieselben. Gleich nach der Ankunft im Brutrevier (in Mitteleuropa Ende März/Anfang April) finden eindrucksvolle Balzflüge sowie Begattungen statt.

Der Horst wird im Wald, hoch auf einem alten Baum erbaut, meist nicht weit vom Waldrand entfernt. Gern horstet der Schwarzmilan in der Nähe von Graureiher- oder Kormorankolonien, weil er dort heruntergefallene Fische aufnehmen kann. In günstigen Lebensräumen horsten oft mehrere Paare in enger Nachbarschaft. Wie für den Rotmilan ist es auch für den Schwarzmilan typisch, daß die Horstmulde mit Schafwolle und Lumpen, Papier- und Plastikfetzen ausgekleidet wird.

Legebeginn: Ab Mitte April, meist Anfang Mai.

Gelegegröße: In der Regel 2 oder 3, selten 4 Eier (54 x 42 mm; 55 g), die auf kalkweißem Grund kleinere und größere rotbraune Flecken und Schnörkel zeigen.

Legeabstand: 2–3 Tage.

Bebrütungsbeginn: Nach dem 1. Ei.

Brutdauer: 26–38, im Mittel 32 Tage. Es brütet normalerweise allein das Weibchen, dem auch die Jungenpflege obliegt, während das Männchen Nahrung herbeiträgt.

Nestlingsdauer: 42–45 Tage. Nach dem Ausfliegen werden die Jungen noch etwa 6 Wochen lang von den Eltern betreut.

Fortpflanzungsrate: Im Mittel 1,3 flügge Junge pro Paar und Jahr.

▲ Sterblichkeit: ?

▲ Höchstalter: 24 Jahre in freier Natur.

▲ Wanderungen: Zugvogel, der überwiegend in Afrika südlich der Sahara überwintert, vereinzelt auch in Südeuropa. Der Wegzug beginnt z.T. schon Ende Juli und hat bei Gibraltar seinen Höhepunkt zwischen Mitte August und Mitte September. Jedoch wird das Mittelmeer auf breiter Front überquert. Der Heimzug ist im Mittelmeerraum hauptsächlich in der zweiten Märzhälfte zu beobachten; aber auch noch zwischen Mitte April und Anfang Mai, wobei es sich vermutlich um noch nicht geschlechtsreife Vögel handelt.

Spezielle Literatur:

FIUCZYNSKI, D. (1976): Die Bestandsentwicklung des Schwarzen Milans (*Milvus migrans*) in Berlin. – Orn. Ber. Berlin (West) 1: 331–344.

MAKATSCH, W. (1972): Der Schwarze Milan. – Neue Brehm-Bücherei, Band 100, 2. Aufl. – A. Ziemsen Verlag, Wittenberg Lutherstadt.

MEYBURG, B.-U. (1967): Beobachtungen zur Brutbiologie des Schwarzen Milans (*Milvus migrans*). – Vogelwelt 88: 70–85.

ZANG, H. (1981): Die Ausbreitung des Schwarzmilans (*Milvus migrans*) im südlichen Niedersachsen. – Vogelkundl. Ber. Niedersachsen 13: 53–58.

Kornweihe
Circus cyaneus

Länge: 43–51 cm
Spannweite: 105–125 cm
Gewicht: ♂ im Durchschnitt 350 g
♀ im Durchschnitt 510 g

▲ Vorkommen in Mitteleuropa: In den meisten Bereichen Mitteleuropas, in denen die Kornweihe früher ein relativ häufiger Brutvogel war, z. B. in den Moor- und Heidegebieten der Norddeutschen Tiefebene, hat sie infolge der Zerstörung ihrer Lebensräume so stark abgenommen, daß sie heute als Brutvogel schon fast ausgestorben ist.
Restbestände: BRD: weniger als 20 Brutpaare; DDR: nur noch etwa 30 Brutpaare; Polen: etwa 50 Brutpaare; ČSSR: in geringer Zahl brütend. Nur in den Niederlanden hat die Kornweihe etwa ab 1960 zugenommen, weil dort durch Eindeichungen neue Lebensräume entstanden sind.
Der Gesamtbestand in Mitteleuropa umfaßt kaum mehr als 230 Brutpaare, wovon etwa die Hälfte auf die Niederlande entfällt. – Als Durchzügler im Herbst und Frühjahr sowie z. T. auch als Wintergäste sind Kornweihen in geeigneten Landschaften Mitteleuropas jedoch noch regelmäßig zu beobachten.
▲ Kennzeichen: Wie alle Weihen, sehr schlank, mit langem Schwanz und langen Flügeln, die im gleitenden Segelflug schräg nach oben gehalten werden.
Das ausgefärbte Kornweihen-Männchen zeigt im Flug ober- und unterseits eine hellblaugraue bzw. weißliche Färbung, zu der die schwarzen Flügelspitzen (4. bis 10. Handschwinge, von innen gezählt) einen starken Kontrast bilden.
Beim sehr ähnlich alten Steppenweihen-Männchen sind nur die 6. bis 9. Handschwingen schwarz und die 6. Handschwinge ist deutlich kürzer als die 9., während sie bei der Kornweihe gleich lang ist.
An folgenden Merkmalen ist das alte Kornweihen-Männchen vom alten

Kornweihen-Paar im Flug (links altes Männchen, rechts Weibchen).

Wiesenweihen-Männchen zu unterscheiden: reinweiße Oberschwanzdecken und kein schwarzes Band auf den Armflügeln.

Die bräunlich gefärbten Weibchen und Jungvögel der Kornweihe und der Wiesenweihe (wie auch der Steppenweihe) sind sich dagegen zum Verwechseln ähnlich, so daß im Flug eine sichere Artbestimmung oft nicht möglich ist. Bei allen 3 Arten haben Weibchen und Jungvögel weiße

Bestand

Bestandsverhältnisse in Europa: Relativ große Bestände gibt es im nördlichen Schweden (ca. 1500 Paare) und in Finnland (ca. 3000 Paare) sowie im europäischen Teil der Sowjetunion (keine Zahlen bekannt); außerdem in Großbritannien (ca. 800 Paare), Frankreich (ca. 3000 Paare) und Spanien (ca. 500 Paare). In Mitteleuropa nur noch ein Restbestand von etwa 230 Brutpaaren.
Der Gesamtbestand in Europa (ohne Sowjetunion) umfaßt etwa 9000 Paare.

Bestandsgefährdung: In früheren Jahrzehnten starke Dezimierung durch Abschuß. Seit Einführung von Schutzbestimmungen hat sich z.B. der Bestand in Großbritannien, der schon fast ausgerottet war, wieder erholen können. Die heutige Bestandsgefährdung hat ihre Hauptursache in der Zerstörung der Lebensräume, z.B. durch Entwässerung von Feuchtgebieten und durch Kultivierung von Moor- und Heideflächen.

Oberschwanzdecken, weshalb man auch von „Weißbürzelweihen" spricht. Bei der Beobachtung solcher Tiere im Winterhalbjahr (zwischen Ende Oktober und Anfang April) in Mitteleuropa kann es sich in aller Regel nur um Kornweihen handeln, weil die Wiesenweihen zu dieser Zeit im afrikanischen Winterquartier sind. Generell hat die Kornweihe relativ breitere und kürzere Flügel als die noch schlankere Wiesenweihe.

▲ Stimme: Am Brutplatz sind kekkernde Rufreihen zu hören.

▲ Verbreitung: Abgesehen von den Brutvorkommen in West- und Mitteleuropa erstreckt sich das zusammenhängende Verbreitungsgebiet der Kornweihe von Nord- und Osteuropa in einem breiten Gürtel quer durch die Sowjetunion bis zum Pazifik. In Nord- und Südamerika leben nah verwandte Formen.

▲ Lebensraum: Bevorzugt offene Flächen als Brut- und Jagdgebiet, vor allem Heideflächen, Moore, Verlandungszonen und Feuchtwiesen, aber auch Dünengebiete und junge Aufforstungsflächen. Beim Durchzug und während des Winters jagt sie auch auf Wiesen und Äckern. Überwinternde Kornweihen haben oft gemeinsame Schlafplätze, z.T. mit mehrjähriger Tradition.

▲ Siedlungsdichte und Reviergröße: In geeigneten Gebieten und bei hohem Nahrungsangebot kann die Siedlungsdichte 4–5 Paare auf 1 km^2 betragen. Das Jagdgebiet der einzelnen Paare umfaßt jedoch mehrere km^2. Bei geringen Horstabständen (nur 50 m) kann Polygynie vorliegen, wobei ein Männchen mehrere Weibchen (mit Jungen) betreut.

Oben: Kornweihen-Weibchen am Horst mit Jungvogel (ca. 3 Wochen alt).
Unten: Kornweihen-Weibchen im Flug.

▲ Jagdweise und Ernährung: Im niedrigen, gleitenden Suchflug, der am liebsten schräg gegen den Wind und entsprechend langsam stattfindet, sucht die Kornweihe systematisch das Gelände ab, um beim Entdecken eines Beutetieres sehr schnell und wendig zuzustoßen. Die Zusammensetzung der Nahrung kann regional und jahreszeitlich unterschiedlich sein, doch sind Kleinsäuger, speziell Feldmäuse die bevorzugten Beutetiere. In den Sommermonaten können auch Jungvögel einen erheblichen Teil der Nahrung bilden. Im Winter umfaßt die tägliche Nahrungsmenge einer Kornweihe ca. 10 Wühlmäuse.

▲ Fortpflanzung: Brutreife meist erst mit 2 Jahren. In Mitteleuropa Ankunft im Brutgebiet ab Anfang April. Das Männchen besetzt das Revier und lockt mit auffälligen Schauflügen (siehe bei Rohrweihe) ein Weibchen heran. Bei dichterer Besiedlung kommt es regelmäßig vor, daß ein älteres Männchen mit 2 oder 3 Weibchen verpaart ist, die es aufgrund seiner guten Jagderfolge ausreichend mit Beute versorgen kann.

Der Horst wird hauptsächlich vom Weibchen am Boden gebaut, im Schutz von dichter Vegetation.

Legebeginn: Hauptsächlich im Mai.

Gelegegröße: Meist 4–6 mattweiße Eier (46 x 35 mm; 33 g).

Legeabstand: Normalerweise 2 Tage.

Brutdauer: Im Mittel 31 Tage. Das Weibchen brütet allein und wird vom Männchen mit Nahrung versorgt, auch schon vor Beginn der Eiablage. Die Beuteübergabe findet meist in der Luft statt, indem das Weibchen dem beutetragenden Männchen entgegenfliegt. Auch das Füttern und Hudern der kleinen Jungen obliegt allein dem Weibchen. Wenn die Jungen etwa 3 Wochen alt sind, beginnt das Weibchen wieder selbst zu jagen.

Nestlingsdauer: 31 bis 35 Tage bei jungen Männchen und 35 bis 38 Tage bei jungen Weibchen, die nach dem Ausfliegen noch 2–3 Wochen mit Futter versorgt werden.

Fortpflanzungsrate: Schwankt je nach Nahrungsangebot zwischen 1,3 und 2,3 flüggen Jungen pro Brut.

▲ Sterblichkeit: Ca. 62% im 1. Lebensjahr und ca. 28% in späteren Jahren.

▲ Höchstalter: 16 Jahre (aufgrund von Beringung).

▲ Wanderungen: Kornweihen aus Nord- und Nordosteuropa sind Zugvögel, die den Winter in Mittel-, West- oder Südeuropa verbringen. Wegzug ab Ende August, Durchzug in Mitteleuropa hauptsächlich im Oktober. Heimzug Ende Februar bis Ende April. Die in Westeuropa brütenden Kornweihen sind Stand- und Strichvögel.

Spezielle Literatur:

KROPP, R. & C. MÜNCH (1979): Beobachtungen an Schlafplätzen überwinternder Kornweihen *Circus cyaneus* in der Renchniederung (Mittelbaden). – Ökologie der Vögel 1: 165–179.

PLINZ, W. (1982): Massenschlafplatz der Kornweihe (*Circus cyaneus*) im Mittleren Elbetal. – Vogelkundliche Berichte aus Niedersachsen 14: 3–8.

TEMME, M. (1969): Die Kornweihe, *Circus cyaneus,* als Brutvogel und Wintergast auf der Nordseeinsel Norderney. – Ornithologische Mitteilungen 21: 3–6.

THIES, B. (1985): Flugstudien an der Kornweihe (*Circus cyaneus*). – Orn. Mitteilungen 37: 143–149.

WATSON, D. (1977): The Hen Harrier. – Poyser, Berkhamsted.

Rauhfußbussard
Buteo lagopus

Länge: 51–61 cm
Spannweite: 120–150 cm
Gewicht: ♂ im Durchschnitt 850 g
♀ im Durchschnitt 1000 g

▲ Vorkommen in Mitteleuropa: Aus seinen nordeuropäischen Brutgebieten erscheint der Rauhfußbussard alljährlich zwischen September/Oktober und März/April als (Durchzügler und) Wintergast in Mitteleuropa; jedoch tritt er in stark schwankenden Anzahlen auf. Nach Gradationen seiner Hauptbeutetiere (Lemminge und andere Wühlmäuse) kommt es in manchen Jahren zu invasionsartigen Einflügen. In offenen Landschaften kann man dann den Rauhfußbussard relativ häufig beobachten.

▲ Kennzeichen: Das wichtigste Kennzeichen des fliegenden oder soeben landenden Rauhfußbussards ist der überwiegend weiße Schwanz mit breiter dunkler Endbinde. Die sonstigen Merkmale, nämlich dunkler Fleck an der Handwurzel auf der Flügelunterseite sowie dunkles Bauchschild, können gelegentlich auch beim sehr ähnlichen Mäusebussard auftreten. Wenn jedoch gleichzeitig auch das erstgenannte Kennzeichen zutrifft, darf man sicher sein, einen Rauhfußbussard vor sich zu haben.
Bei Altvögeln kann das Geschlecht an folgendem Merkmal bestimmt werden: Bei Männchen weist der Schwanz außer der breiten dunklen Endbinde noch 3 weitere schmale Binden auf, bei Weibchen dagegen nur manchmal 1 weitere.
Jungvögel haben – im Gegensatz zu den Altvögeln – eine helle Kehle und auf der Flügelunterseite keinen dunklen Hinterrand. Typisch für den Rauhfußbussard ist auch, daß er oft rüttelt. Obwohl auch Mäusebussarde in bestimmten Situationen zum Rütteln neigen, sollte man im Winterhalbjahr jeden rüttelnden Bussard genauer ansehen, ob es nicht ein Rauhfußbussard ist.

▲ Stimme: Ist in der Regel nur am

Brutplatz zu hören; ähnlich der des Mäusebussards, aber höher.

▲ Verbreitung: Am Nordrand Eurasiens und Nordamerikas zirkumpolar verbreitet, hauptsächlich in der Tundrazone, stellenweise auch in der Taigazone, vor allem bei hohem Wühlmausbestand.

▲ Lebensraum: Im Brutgebiet wird die offene Strauch- und Moostundra als Lebensraum bevorzugt, in Skandinavien ebenso die offenen Fjällgebiete oberhalb der Waldgrenze. Auch die Wintergäste in Mitteleuropa halten sich vorzugsweise in offenen Landschaften auf.

▲ Siedlungsdichte und Reviergröße: In Finnisch-Lappland lebten auf 200 km^2 Untersuchungsfläche 4–6 Brutpaare, deren Jagdgebiete 3–8 km^2 umfaßten. Dagegen wurden in Schwedisch-Lappland auf einer nur 32 km^2 großen Untersuchungsfläche maximal 11 Brutpaare festgestellt.

▲ Jagdweise und Ernährung: Im Suchflug, der meist in etwa 10–20 m Höhe erfolgt und häufig durch Rütteln unterbrochen wird, jagt der Rauhfußbussard hauptsächlich Kleinsäuger, vor allem Lemminge und andere Wühlmäuse. Bei der Jungenaufzucht bilden Kleinsäuger in der Regel 80–90% der Nahrung, während Vögel nur 10–20% ausmachen. Im Winterquartier werden hauptsächlich Feldmäuse erbeutet und gelegentlich auch tote Tiere angenommen.

▲ Fortpflanzung: Die Geschlechtsreife wird im Alter von 2 oder 3 Jahren erreicht. Die Balz und Paarbildung kann ab Ende März noch im Winterquartier (z.B. in Schleswig-Holstein) stattfinden, so daß die Rauhfußbussarde dann im April oder Mai bereits verpaart im Brutgebiet eintreffen. Ob sie dort zur Brut schreiten oder nicht, hängt entscheidend von der Höhe des erreichbaren Nahrungsangebots ab: in Jahren mit Wühlmausgradationen sind Siedlungsdichte und Bruterfolg entsprechend groß, während in Jahren nach dem Zusammenbruch einer Gradation in bestimmten Gebieten die Rauhfußbussarde überhaupt nicht brüten. Möglicherweise fliegen sie dann z.T. auch in andere Gebiete mit besseren Nahrungsbedingungen, um dort zu brüten.

Rauhfußbussard bei der Fütterung seiner ca. 2 Wochen alten Jungen.

Bestand

Bestandsverhältnisse in Europa: In Norwegen sowie in der Nordhälfte Schwedens und Finnlands umfaßt der Bestand bei hohem Nahrungsangebot (Wühlmausgradationen) insgesamt 15000 bis 20000 Paare, während er bei niedrigem Nahrungsangebot wesentlich geringer ist. Für den europäischen Teil der Sowjetunion liegen keine Angaben vor, doch dürften dort die Bestände ungefähr gleich groß sein. Es ist allerdings zu berücksichtigen, daß die Nagergradationen nicht überall gleichzeitig stattfinden und infolgedessen beim Rauhfußbussard entsprechende Bestandsverlagerungen möglich sind.

Bestandsgefährdung: Scheint gegenwärtig nicht vorzuliegen. Die bei Zugbeobachtungen gewonnenen Zahlen lassen erkennen, daß der nordeuropäische Bestand in den letzten zwei Jahrzehnten sogar deutlich zugenommen hat.

Rüttelnder Rauhfußbussard.

Der Horst wird in den Fjällgebieten Skandinaviens am häufigsten auf einer Felsenklippe erbaut, in der Waldtundra bzw. Taigazone auf einem Baum und in der offenen Tundra auf dem Erdboden.

Legebeginn: Mitte Mai bis Mitte Juni.

Gelegegröße: 3–5, in Nagerjahren maximal 7 Eier (55 × 44 mm; 59 g), die auf weißem Grund bräunlich gefleckt sind.

Legeabstand: 2 Tage.

Brutdauer: Ca. 31 Tage. Nur das Weibchen brütet, während das Männchen Beute bringt und Wache hält.

Nestlingsdauer: 35–42 Tage. Nach dem Ausfliegen werden die Jungen noch einige Wochen von den Eltern betreut.

Fortpflanzungsrate: Stark schwankend, im Durchschnitt 1,8 flügge Junge pro Paar.

▲ Höchstalter: 16 Jahre (aufgrund von Beringung).

▲ Wanderungen: Zugvogel, der die Brutgebiete ab Ende August verläßt. Skandinavische Rauhfußbussarde überwintern in Mitteleuropa von Oktober bis März/April. Ortstreue einzelner Tiere am Überwinterungsplatz in aufeinanderfolgenden Jahren ist schon mehrfach nachgewiesen worden.

Spezielle Literatur:

PASANEN, S. & S. SULKAVA (1971): On the nutritional biology of the Rough-legged Buzzard, *Buteo lagopus lagopus* Brünn., in Finnish Lapland. – Aquilo, Ser. Zool. 12: 53–63.

PRÜNTE, W. (1971): Der Rauhfußbussard-Einflug 1969–70 in Westfalen. – Anthus 8: 3–11.

SCOTT, R. E. (1978): Brit. Birds 71: 225–338.

SYLVÉN, M. (1978): Ornis Scandinavica 9: 197–206.

Merlin
Falco columbarius

Länge: 25–30 cm
Spannweite: ♂ ca. 60 cm, ♀ ca. 67 cm
Gewicht: ♂ 155–180 g
♀ 190–220 g

▲ Vorkommen in Mitteleuropa: Dieser kleinste europäische Falke, der in Nordeuropa beheimatet ist, erscheint im Herbst und Frühjahr regelmäßig als Durchzügler in Mitteleuropa. Teilweise überwintert er hier auch und bevorzugt dabei offenes Gelände. In schnellem Flug jagt er oft dicht über dem Erdboden dahin und wird wegen seiner geringen Größe häufig übersehen. Aber wer den Merlin und sein schnittiges Flugbild kennt, wird ihn sicher ab und zu beobachten können.

▲ Kennzeichen: Kleiner als ein Turmfalke, von dem er sich im Flug auch an der kompakteren Gestalt, den spitzeren Flügeln und am kürzeren Schwanz unterscheiden läßt.

Das Männchen im Alterskleid ist oberseits blaugrau und unterseits rostgelb mit feinen dunklen Längsstreifen; sein blaugrauer Schwanz hat eine breite schwarze Endbinde.

Weibchen und Jungvögel sind oberseits graubraun, unterseits weißlich mit kräftigen braunen Längsflecken; der Schwanz hat 5–6 breite schwarzbraune Querbinden, die durch schmale helle Querstreifen getrennt sind. Alte und junge Weibchen kann man feldornithologisch nicht unterscheiden, während die Männchen generell etwas kleiner als die Weibchen sind.

▲ Stimme: Normalerweise nur am Brutplatz zu hören: schnelle und hohe „kikikiki“-Rufreihen gegenüber Eindringlingen.

▲ Verbreitung: Der Merlin ist in mehreren Rassen über Nordeuropa, quer durch das nördliche Asien – etwa zwischen 50 und 70 Grad nördlicher Breite – und über die nördliche Hälfte Nordamerikas verbreitet.

▲ Lebensraum: Offene, baumarme Landschaften; brütet vor allem auf Hochmooren und Heiden, aber auch in Randzonen von lichten Birken- oder Kiefernwäldern. Auch die Durchzügler und Überwinterer in Mitteleuropa bevorzugen offene Landschaften als Jagdgebiete. Bei überwinternden Merlinen wurden in der Schweiz gemeinsame Übernachtungsplätze im Schilfgürtel eines Sees beobachtet.

▲ Siedlungsdichte und Reviergröße: Die Siedlungsdichte schwankt je nach Lebensraum und Nahrungsangebot zwischen 3 und 12 Brutpaaren pro 100 km^2. Der Abstand zwischen den Brutplätzen benachbarter Paare beträgt normalerweise mindestens 1 km. Auch die Größe des Jagdrevieres richtet sich nach dem jeweiligen Nahrungsangebot.

▲ Jagdweise und Ernährung: Der Merlin jagt hauptsächlich auf Kleinvögel (bis zur Größe einer Drossel), die er meist in der Luft schlägt, entweder im Steilstoß von oben oder aus bodennahem Flug von unten, nachdem er sie aufgescheucht hat. Er schlägt aber auch Kleinsäuger bzw. noch nicht flügge Jungvögel am Erdboden. Während der Aufzuchtperiode bilden Jungvögel, die noch nicht bzw. eben flügge sind, einen wesentlichen Teil der Beute. Er nimmt sogar Jungvögel aus Nestern, um seine eigenen Jungen damit zu füttern. In der Gesamtnahrung machen Kleinsäuger höchstens 10% aus, Kleinvögel dagegen über 90%.

▲ Fortpflanzung: Geschlechtsreife: Weibchen brüten oft schon im Alter von 1 Jahr, Männchen meist erst mit 2 Jahren. Die Paare führen eine Saisonehe.

Als Brutplatz dient in den Moor- und Heidegebieten Großbritanniens und Irlands meist eine flache Mulde am Erdboden. In Skandinavien dagegen brüten die Merline in der Birkenwaldzone am häufigsten in einem alten Krähennest auf einem Baum. Wo Felshänge vorhanden sind, kann die Brut auch dort in einer geeigneten Nische stattfinden.

Merlin-Paar auf dem Horst mit kleinen Jungen (rechts Weibchen, links Männchen im Alterskleid).

Bestand

Bestandsverhältnisse in Europa: In Skandinavien und Finnland schätzt man den Brutbestand auf einige tausend Paare. Von Island, wo diese Art im Norden recht häufig ist, liegen keine Bestandszahlen vor; ebensowenig aus dem europäischen Teil der Sowjetunion. In Großbritannien und Irland umfaßt der Bestand 600–800 Paare.

Der europäische Gesamtbestand außerhalb der Sowjetunion wird von GENSBØL (1986) auf 8000 bis 10 000 Paare geschätzt.

Bestandsgefährdung: Infolge der Belastung mit Bioziden war auch der Merlin zwischen 1950 und 1970 von sehr starkem Rückgang betroffen. Seitdem in Europa die Anwendung von DDT verboten ist, scheinen sich die Bestände einigermaßen erholt und stabilisiert zu haben.

Merlin-Männchen

Legebeginn: Auf den Britischen Inseln ab Anfang Mai, in Nordeuropa Ende Mai/Anfang Juni.
Gelegegröße: Meist 4–5 Eier (40 × 31 mm; 21 g), die auf gelblichweißem Grund stark rotbraun gefleckt sind.
Legeabstand: 2 Tage.
Brutdauer: 28–32 Tage. Es brütet überwiegend das Weibchen, das vom Männchen mit Nahrung versorgt und beim Brüten abgelöst wird. Die Jungen werden zunächst nur vom Weibchen gefüttert und bis zum 10. Lebenstag gehudert, während das Männchen für die Ernährung der ganzen Familie sorgt.

Wenige Tage vor dem Ausfliegen der Jungen beginnt auch das Weibchen wieder zu jagen.
Nestlingsdauer: 25–27 Tage. Nach dem Ausfliegen werden die Jungen noch etwa einen Monat von den Eltern betreut, bis sie selbständig sind.
Fortpflanzungsrate: Im Durchschnitt 2,5 flügge Junge pro Paar.
▲ Höchstalter: 10 Jahre (aufgrund von Beringung).

Merlin-Weibchen

▲ Wanderungen: Abgesehen von den Britischen Inseln, wo Altvögel und z.T. auch Jungvögel in der Regel Stand- und Strichvögel sind, ist der Merlin überwiegend Zugvogel. Als ausgesprochener Kleinvogeljäger folgt er seinen Beutetieren und überwintert teilweise schon in Mitteleuropa, größtenteils jedoch in den Mittelmeerländern und in Nordafrika. Hauptdurchzug in Mitteleuropa im Herbst: Oktober/November, im Frühjahr: März/April.

Spezielle Literatur:

NEWTON, I. et al. (1978): Breeding ecology of the Merlin in Northumberland. – Brit. Birds 71: 376–398.

WILLIAMS, G. A. (1981): The Merlin in Wales: Breeding numbers, habitat and success. – Brit. Birds 74: 205–214.

ZIMMERLI, M. (1985): Der Merlin – wenig bekannter Wintergast im Seeland. – Vögel der Heimat 56: 7–11.

Wanderfalke
Falco peregrinus

Länge: ♂ um 38 cm; ♀ um 45 cm
Spannweite: ♂ um 90 cm, ♀ um 105 cm
Gewicht: ♂ 580–720 g, im Durchschnitt 610 g
♀ 860–1090 g, im Durchschnitt 940 g

▲ Vorkommen in Mitteleuropa: Vor etwa 40 Jahren war der Wanderfalke in Mitteleuropa ein weit verbreiteter, wenn auch ziemlich seltener Brutvogel. Er horstete in den Mittelgebirgen und Alpen an Steilwänden von Felsen oder Steinbrüchen. Im Bereich der Norddeutschen-Polnischen Tiefebene gab es eine Baumbrüter-Population, die in alten Horsten des Fischadlers, des Seeadlers oder anderer Vogelarten brütete. Um 1950 lebten in der BRD etwa 430 Brutpaare.
In den 50er und 60er Jahren ereignete sich jedoch – nicht nur in Mitteleuropa – ein katastrophaler Zusammenbruch des Bestandes, der hauptsächlich auf die Belastung mit Bioziden zurückzuführen war. Dabei sind die Vorkommen im größten Teil Mitteleuropas völlig erloschen, speziell die Baumbrüter-Population. Lediglich in Süddeutschland blieb ein kleiner Restbestand von ca. 50 Paaren erhalten, vor allem dank der intensiven Bemühungen der „Arbeitsgemeinschaft Wanderfalkenschutz in Baden-Württemberg“. Erst seitdem die Anwendung bestimmter Biozide verboten wurde, zeigt der Wanderfalke seit einigen Jahren eine sehr erfreuliche Bestandserholung. Inzwischen gibt es in der BRD (hauptsächlich in Süddeutschland) wieder etwa 230 Paare, in der Schweiz über 100 Paare und in Österreich etwa 70 Paare. In der DDR, wo der Wanderfalke Anfang der 70er Jahre ausgestorben war, haben Neuansiedlungen von bisher 8 Paaren stattgefunden; sie sind großenteils auf eine Auswilderungsaktion des „Deutschen Falkenordens“ in Nordhessen und Nordbayern zurückzuführen. Dadurch wurden auch mehrere Brutvorkommen an hohen

Wanderfalken-Weibchen bewacht seine Jungen (in altem Kolkrabenhorst).

Bauwerken in der BRD begründet. In Polen und in der ČSSR wird der Bestand gegenwärtig auf jeweils nur 5 Paare geschätzt. In den Benelux-Ländern fehlt der Wanderfalke noch immer als Brutvogel.
Insgesamt ist der Bestand in Mitteleuropa gegenwärtig auf 430 Paare zu schätzen.

▲ Kennzeichen: Im Flug ist der Wanderfalke an der Größe (generell größer als eine Haustaube, jedoch Männchen deutlich kleiner als Weibchen), an den langen, spitzen Flügeln und am relativ kurzen Schwanz zu erkennen, außerdem an den schnellen, kraftvollen Flügelschlägen.
Im Vergleich zu den 3 anderen großen Falken (Gerfalke, Saker und Lanner) sind die Flügel des Wanderfalken schmaler, sein Körper wirkt gedrungener, der Schwanz ist deutlich kürzer. Ein wichtiges Erkennungsmerkmal ist der sehr dunkle Oberkopf und insbesondere der breite schwarze Backenstreif, der sich scharf gegen das Weiß von Wangen und Kehle abhebt.
Die Gefiederfärbung ist bei Altvögeln oberseits blaugrau, unterseits hell mit dunkler Querbänderung bzw. kleinen dunklen Tropfenflecken auf der Brust. Anhand der Querbänderung auf der Unterseite kann man Altvögel des Wanderfalken sicher unterscheiden von allen anderen ähnlichen Falkenarten, auch von Eleonorenfalken und Baumfalken, die im übrigen schlanker und kleiner sind.
Bei Jungvögeln des Wanderfalken, die oberseits graubraun, unterseits auf rostfarbenem Grund dunkel längsgefleckt sind, gibt es eher Verwechslungsmöglichkeiten mit anderen Falkenarten.

▲ Stimme: Am Brutplatz häufige und sehr auffällige Lautäußerungen: in der Erregung helle und scharfe „ko-

Bestand

Bestandsverhältnisse in Europa: Den relativ größten Bestand mit ca. 1400 Paaren besitzt Spanien, weil dort die Biozid-Belastung nicht so stark war wie in Mittel- und Nordeuropa. In Italien gibt es noch ca. 500 Paare, in Jugoslawien gemäß einer aktuellen Schätzung ebenfalls ca. 500 Paare, in Griechenland ca. 150 Paare, in Bulgarien und Rumänien dagegen insgesamt weniger als 20 Paare.
Ähnlich wie im südwestlichen Mitteleuropa, wo inzwischen wieder mindestens 430 Paare brüten (siehe oben), hat sich auch der Bestand in Frankreich erholt und umfaßt gegenwärtig ca. 700 Paare. Auf den Britischen Inseln leben heute sogar mehr Wanderfalken als vor dem Beginn des Biozid-Einsatzes in den 40er Jahren: Großbritannien ca. 800 Paare, Irland: ca. 300 Paare.
Demgegenüber sind die Bestände in Nordeuropa (Skandinavien und Finnland), wo früher mindestens 2000 Paare gelebt haben sollen, immer noch sehr gering und umfassen insgesamt nur etwa 150 Paare. Aus dem europäischen Teil der Sowjetunion liegen leider keine aktuellen Bestandszahlen vor. Aber es ist zu befürchten, daß der Bestand dort ebenfalls stark abgenommen hat.
Insgesamt leben in Europa gegenwärtig wieder mindestens 4900 Paare.

Bestandsgefährdung: Neben der Biozid-Belastung, die inzwischen allem Anschein nach abgenommen hat, stellen Horstplünderungen (illegale Entnahmen von Eiern oder Jungen) sowie Abschuß – vor allem in Südeuropa – die Hauptursachen der Bestandsgefährdung dar.

Wanderfalken-Männchen auf Rupfkanzel.

zick"-Rufe, bettelndes „Lahnen", das wie „gähg-gähg-gähg" klingt, sowie bei Störungen rauhe „grä-grä-grä"-Rufreihen.

▲ Verbreitung: Als Kosmopolit ist der Wanderfalke in 19 Rassen fast über die ganze Erde verbreitet. Er bewohnt große Teile Europas und Asiens, Afrikas, Amerikas, Australiens. In Europa fehlt er nur auf Island und in den Steppengebieten im Süden der europäischen Sowjetunion von jeher als Brutvogel.

▲ Lebensraum: Da der Wanderfalke im freien Luftraum jagt, ist er außerhalb der Brutzeit in fast allen Landschaftsformen zu beobachten – wenn auch sehr selten –, vorzugsweise über offenem Gelände und an Gewässern mit reichem Vogelleben. Zum Brüten ist er jedoch im größten Teil Europas auf steile Felswände angewiesen, wobei freier Anflug des Brutplatzes gewährleistet sein muß. Ersatzweise können auch Steinbruchwände oder hohe Gebäude als Brutplatz dienen. Früher gab es im nördlichen Mitteleuropa und im baltischen Raum (rings um die Ostsee) auch eine Baumbrüter-Population (siehe oben). Außerdem fand man in Nordschweden und Finnland, in Estland und Nordrußland Bodenbruten in großen, unzugänglichen Hochmooren.

▲ Siedlungsdichte und Reviergröße: In optimalen Lebensräumen mit günstigen Brutplätzen kann die Siedlungsdichte recht hoch sein, so daß benachbarte Paare mitunter nur 1–2 km voneinander entfernt brüten. Nur das Brutrevier im Umkreis von einigen hundert Metern um den Horst wird gegen Artgenossen verteidigt. Die Jagdflüge erstrecken sich jedoch mindestens 3 km weit vom Horst. Folglich umfaßt der Lebensraum eines Paares während der Brutzeit mindestens 30 km^2.

▲ Jagdweise und Ernährung: Der Wanderfalke jagt ausschließlich auf fliegende Vögel im freien Luftraum, entweder von einer erhöhten Ansitzwarte aus oder aus hohem Kreisflug. Oft jagt er Vögel, die seinem Beuteschema entsprechen, auf mehr als 1 km Entfernung an. Dabei kann er seinen Flug enorm beschleunigen und erreicht im Steilstoß – mit angelegten Schwingen – eine Geschwindigkeit von über 300 km/h. Es ist äußerst eindrucksvoll, dies zu beobachten. Allerdings führt im Durchschnitt nur jeder 7. Jagdflug zum Erfolg, weil ein angejagter Vogel sich oft noch im letzten Moment durch Änderung der Flugrichtung retten kann. Das Beutespektrum ist generell sehr breit und umfaßt auch viele Kleinvogelarten; es kann je nach örtlichem Angebot verschieden zusammengesetzt sein. In der Regel sind Haustauben die Hauptbeutetiere; daneben spielen Stare und Drosseln, Limikolen und Lachmöwen als Beute eine herausragende Rolle. Gelegentlich, vor allem im Winter, jagen die Partner eines Paares oft gemeinsam in sogenannter „Kompaniejagd".

▲ Fortpflanzung: Die Geschlechtsreife wird in der Regel erst im 2. Lebensjahr erreicht, auch wenn gelegentlich ein Vogel im Jugendkleid als Partner eines Paares beobachtet wird. Generell ist der Bruterfolg bei Erstbrütern geringer als bei älteren Vögeln. Die Paarbildung kann bereits im Herbst stattfinden, wo schon balzähnliches Verhalten zu beobachten ist. Die Partner eines Paares bleiben meist lebenslang zusammen. Mitteleuropäische Brutpaare sind Standvögel, die auch den Winter über in ihrem Revier zu beobachten sind. Hinsichtlich der Brutplatzwahl wurden schon unter der Rubrik „Lebensraum" nähere Ausführungen gemacht. Die eigentliche Balz beginnt im Februar mit Balzflügen, häufigem Rufen, zunehmender Horstbindung des Weibchens und Balzfüttern durch das Männchen sowie Kopulationen.

Legebeginn: Ab Mitte März.

Gelegegröße: 3–4 Eier (51 × 41 mm; 45 g), die auf gelblichem Grund eine dichte rotbraune Fleckung zeigen.

Legeabstand: 2 Tage.

Brutdauer: 29 Tage. Es herrscht Arbeitsteilung zwischen den Geschlechtern; während das Weibchen brütet und die kleinen Jungen hudert und bewacht, trägt das Männchen Nahrung herbei. Nur während der kurzen Zeitspanne, in der das Weibchen kröpft und anschließend einen Bewegungsflug ausführt, bedeckt das Männchen das Gelege. Wenn die Jungen etwa 3 Wochen alt sind, fliegt auch das Weibchen auf die Jagd. Beide Eltern füttern dann die Jungen bzw. übergeben ihnen die Beute.

Nestlingsdauer: 35–42 Tage. Nach dem Ausfliegen werden die Jungen noch etwa 4 Wochen von den Eltern mit Nahrung versorgt; zum Teil werden sogar lebende Beutetiere gebracht und vor den Jungen losgelassen, damit sie selbständiges Schlagen lernen.

Fortpflanzungsrate: Normalerweise 2,5 flügge Junge pro Paar und Jahr.

▲ Sterblichkeit: Im 1. Lebensjahr 50–60%, in späteren Lebensjahren 10–25%.

▲ Höchstalter: 17 Jahre in freier Natur, 21 Jahre in Gefangenschaft.

▲ Wanderungen: Die nord- und nordosteuropäischen Populationen sind Zugvögel, die in Mittel- und Westeuropa überwintern. Im übrigen Europa bleiben die Altvögel meist das ganze Jahr über im Brutrevier, sind also Standvögel. Nur die Jungvögel

Wanderfalken-Weibchen im Jugendkleid.

verstreichen mehr oder weniger weit. Mitteleuropäische Jungvögel ziehen im Herbst häufig in südwestlicher Richtung ab, um in Frankreich zu überwintern.

Spezielle Literatur:

Fischer, W. (1977): Der Wanderfalk. – Neue Brehm-Bücherei, Band 380, 4. Auflage. – A. Ziemsen Verlag, Wittenberg Lutherstadt.

Mebs, Th. (1986): Die Wiederkehr des Wanderfalken (*Falco peregrinus*) im Bereich der Bundesrepublik Deutschland. – Deutscher Falkenorden, Jgg. 1986: 8–12.

Ratcliffe, D. A. (1980): The Peregrine Falcon. – Poyser, Calton.

Saar, Ch., G. Trommer & W. Hammer (1982): Der Wanderfalke. Bericht über ein Artenschutzprogramm – Methoden, Ziele und Erfolge. – Deutscher Falkenorden e.V., Bonn.

Schilling, F. & D. Rockenbauch (1985): Der Wanderfalke in Baden-Württemberg – gerettet! – Beih. Veröff. Naturschutz Landschaftspflege Bad.-Württ. 46: 7–78.

Wiesenweihe
Circus pygargus

Länge: 41–46 cm
Spannweite: 105–120 cm
Gewicht: ♂ im Durchschnitt 270 g
♀ im Durchschnitt 370 g

▲ Vorkommen in Mitteleuropa: Vor allem infolge von Entwässerungsmaßnahmen in Feuchtgebieten hat die Wiesenweihe in Mitteleuropa so stark abgenommen, daß heute nur noch ein Restbestand von insgesamt etwa 530 Brutpaaren existiert. Er verteilt sich im wesentlichen auf die BRD (ca. 100 Paare, hauptsächlich in Niedersachsen und Schleswig-Holstein), die DDR (ca. 35 Paare) und Polen (ca. 300 Paare). Die Benelux-Staaten, die ČSSR und Österreich haben nur sehr geringe Bestände, während aus Ungarn neuerdings 70–80 Paare gemeldet werden. Infolgedessen ist die Wiesenweihe in Mitteleuropa – auch als Durchzügler – nur selten zu beobachten. Generell ist dies nur im Zeitraum von April bis Oktober möglich, weil die Wiesenweihe ausgeprägter Zugvogel ist und den Winter in Afrika verbringt.

▲ Kennzeichen: Wie alle Weihen mit langem Schwanz und langen, schmalen Flügeln, die im gleitenden Segelflug schräg nach oben gehalten werden. Die Wiesenweihe ist im Vergleich zur Kornweihe noch schlanker und eleganter, denn sie hat längere und spitzere Flügel sowie einen längeren Schwanz. Beim ausgefärbten Männchen sind Rücken, Kopf und Brust aschgrau, während die weißliche Körperunterseite rostbraune Längsflecken zeigt; im Kontrast dazu sind die Flügelspitzen schwarz (3. bis 10. Handschwinge, von innen gezählt). Das sicherste Erkennungsmerkmal des alten Wiesenweihen-Männchens im Flug sind die dunklen Binden auf den Armflügeln (oberseits eine, unterseits zwei); außerdem hat es keine weißen Oberschwanzdecken wie das Kornweihen-Männchen.

Die bräunlich gefärbten Weibchen und Jungvögel sind im Flug dagegen nur sehr schwer oder gar nicht von denen der Kornweihe (und der Steppenweihe) zu unterscheiden. Wie letztere haben sie weiße Ober-

Wiesenweihen-Paar im Flug bei der Beuteübergabe (links altes Männchen, rechts Weibchen).

schwanzdecken („Weißbürzelweihen"). Im Vergleich wirken sie jedoch ebenfalls schlanker. Aus der Nähe gesehen haben junge Wiesenweihen eine rostrote, ungestreifte Körperunterseite, während diese bei jungen Kornweihen auf gelblichem Grund dunkle Längsstreifen aufweist. Es gibt auch melanistische Wiesenweihen mit einfarbig braunschwarzem Gefieder.

▲ Stimme: Beim Balzflug und am Brutplatz sind keckernde Rufreihen zu hören.

▲ Verbreitung: Von Europa ostwärts durch die Sowjetunion bis zum Jenissei.

▲ Lebensraum: Normalerweise offene und feuchte Niederungen, Flachmoore und Verlandungszonen. Neuerdings auch Bruten in Getreidefeldern, wobei die Jagd bevorzugt auf Dauergrünlandflächen der Umgebung stattfindet.

▲ Siedlungsdichte und Reviergröße: Generell schwankt der Bestand in Abhängigkeit vom Nahrungsangebot und kann in Gradationsjahren der Feldmaus mehr als doppelt so hoch sein als in mäusearmen Jahren. An günstigen Stellen brüten oft mehrere Paare in enger Nachbarschaft, d.h. wenige hundert Meter voneinander entfernt. Jedoch umfassen die Jagdgebiete der einzelnen Paare im Durchschnitt 5–8 km^2.

▲ Jagdweise und Ernährung: Wie bei allen Weihen findet die Jagd in niedrigem Suchflug über offenem Gelände statt. Beim Verfolgen von Beutetieren ist die Wiesenweihe sehr wendig und fängt Kleinvögel und größere Insekten auch im Flug. Ihre Hauptnahrung bilden Kleinsäuger, vor allem Feldmäuse, und Kleinvögel, besonders eben flügge Junge, sowie größere Insekten (Heuschrecken, Libellen und Käfer). In wärmeren Gebieten, in denen es viele Eidechsen gibt, können auch diese einen wesentlichen Anteil der Beute ausmachen.

▲ Fortpflanzung: Brutreife im Alter von 2 oder 3 Jahren. Die Ankunft im Brutgebiet erfolgt in Mitteleuropa meist zwischen Mitte April und Mitte Mai, wobei zuerst die Männchen eintreffen und etwas später die Weibchen. Durch auffallende Schauflüge über dem Revier lockt das Männchen – wie bei den anderen Weihen – ein Weibchen heran, mit dem es sich verpaart. Da die Vögel sehr ortstreu sind, handelt es sich oft um die gleichen Partner wie im Vorjahr. Nicht selten kommt es vor, daß ein jagdlich sehr erfolgreiches Männchen in der Folgezeit, wenn das erste Weibchen schon brütet, durch seine fortgesetzten Balzflüge ein zweites Weibchen heranlockt und sich mit diesem ebenfalls verpaart. Es versorgt also gleichzeitig bzw. nacheinander 2 Weibchen (und deren Junge) in nah benachbarten Horsten mit Beute.

Der Horst wird überwiegend vom Weibchen am Boden gebaut im Schutz von genügend hoher Vegetation (Getreide-Bruten hauptsächlich in Wintergerste- und Rapsfeldern).

Legebeginn: Mitte Mai bis Anfang Juni.

Gelegegröße: Meist 3–5 weiße Eier (41 × 33 mm; 24 g).

Legeabstand: 2–3 Tage. Das Weibchen brütet allein, bereits vom ersten Ei an, so daß die Jungen gemäß den Legeabständen schlüpfen.

Brutdauer: 27–30 Tage. Das Weibchen hudert die kleinen Jungen, bis diese etwa 2 Wochen alt sind; dann jagt es wieder selbst.

Nestlingsdauer: 30–40 Tage. Nach dem Ausfliegen (ab Mitte Juli) werden die Jungen noch etwa 2 Wochen mit Beute versorgt. Die Fortpflanzungsrate ist wegen der ziemlich hohen Verluste meist gering und beträgt im Durchschnitt nur 1–2 flügge Junge pro Brut.

▲ Höchstalter: 16 Jahre (aufgrund von Beringung).

▲ Wanderungen: Ausgesprochener Zugvogel, der den Winter in Afrika

Wiesenweihen-Männchen im Alterskleid.

Bestand

Bestandsverhältnisse in Europa: Fast überall starke Abnahme, vor allem in Mitteleuropa (nur noch ca. 530 Paare). Die noch relativ größten Bestände leben einerseits in Frankreich und auf der Iberischen Halbinsel mit einigen tausend Paaren sowie andererseits im europäischen Teil der Sowjetunion, von wo jedoch keine Bestandszahlen vorliegen. In Dänemark und im südlichen Schweden, wo die Wiesenweihe erst im Laufe dieses Jahrhunderts eingewandert ist, scheinen die Bestände mit jeweils etwa 50 Paaren stabil zu sein bzw. nehmen sogar zu.

Bestandsgefährdung: Hauptsächlich durch Biotopvernichtung. Außerdem fallen Bruten in Getreidefeldern häufig den Erntemaschinen zum Opfer. Anscheinend ist die Wiesenweihe aber auch von den negativen Lebensraumveränderungen und Biozid-Anwendungen in ihren afrikanischen Überwinterungsgebieten besonders stark betroffen.

Wiesenweihen-Weibchen am Horst mit ca. 2 Wochen alten Jungen.

südlich der Sahara verbringt. Altvögel verlassen das mitteleuropäische Brutgebiet schon ab Mitte August, die Jungvögel 1–2 Wochen später. Gewisse Konzentration des Zuges bei Gibraltar im September. Heimzug hauptsächlich im April.

Spezielle Literatur:

DECKERT, J. & G. KRETLOW (1984): Zur Brutbiologie der Wiesenweihe (*Circus pygargus*). – Naturschutzarbeit Berlin-Brandenburg 20: 36–41.

LOOFT, V., D. DRENCKHAHN & H. J. LEPTHIN (1967): Die Wiesenweihe, *Circus pygargus*, in Schleswig-Holstein. – Corax 2: 1–9.

Steinadler
Aquila chrysaëtos

Länge: 79–95 cm
Spannweite: ♂ 190–210 cm, ♀ 215–230 cm
Gewicht: ♂ im Durchschnitt 3700 g
♀ im Durchschnitt 5000 g

▲ Vorkommen in Mitteleuropa: Im wesentlichen auf die Alpen beschränkt. Nach einem Tiefstand zu Beginn dieses Jahrhunderts hat sich der Bestand dank der Schutzbestimmungen in den letzten Jahrzehnten erholt und erscheint heute stabil. Allein im Bereich des mitteleuropäischen Alpenanteils (Schweiz, Bayern, Österreich) leben gegenwärtig etwa 400 Brutpaare. Hinzu kommt eine entsprechend große Zahl von Einzelvögeln (unverpaarte bzw. noch nicht geschlechtsreife Adler), die oft weit umherstreichen. Es gibt Hinweise auf eine mögliche Wiederansiedlung im Schwarzwald. Gering ist der Bestand dagegen im östlichen Mitteleuropa: ČSSR: ca. 50 Paare, Polen: ca. 10 Paare, Ungarn: neuerdings 2 Paare. In Norddeutschland erscheinen im Winterhalbjahr ausnahmsweise einzelne Steinadler (Jungvögel aus Skandinavien) als Gäste.

▲ Kennzeichen: Mit rund 2 m Spannweite viel größer als ein Mäusebussard, dem er im Flugbild von fern gesehen etwas ähnelt. Tatsächlich ist das Flugbild des Steinadlers jedoch anders proportioniert; seine sehr langen und breiten Flügel wirken schmaler, und auch der Schwanz ist in Relation zum Bussard deutlich länger. Beim Kreisen fällt die starke Fingerung der Handschwingen auf. Ein Erkennungsmerkmal beim Kreisflug besteht auch darin, daß die Flügel leicht angehoben gehalten werden, während sie bei anderen Adlern waagerecht ausgestreckt sind.
Die Gefiederfärbung ist bei Altvögeln fast einheitlich dunkelbraun, nur Scheitel und Nacken sind goldgelb (daher auch die wissenschaftliche Bezeichnung, die „Goldadler" bedeutet, und der englische Name „Golden Eagle").
Jungvögel erkennt man im Flug daran, daß sie auf den Flügeln ober- und

unterseits ein großes weißes Feld an der Basis der inneren Handschwingen zeigen, dazu einen weißen Schwanz mit breiter dunkler Endbinde. Mit zunehmendem Alter, d.h. im Verlauf von mehreren Mausern verschwindet das Weiß allmählich; erst mit 5 bis 6 Jahren sind die Vögel ausgefärbt und tragen das Alterskleid.

▲ Stimme: Selten zu hören: ein bussardähnliches, aber rauheres „hiäh", melodische „glük-glük-glük"-Laute und kläffende „giak"-Rufe, die sich bei der Balz und am Horst zu einem lauten „kai-kai-kai-keiak-keiak" steigern. Die Bettelrufe der Jungen sind laute „ihjäb"-Reihen.

▲ Verbreitung: Der Steinadler ist in 6 verschiedenen Rassen über große Teile Eurasiens und Nordamerikas verbreitet, kommt jedoch heute in vielen Bereichen nur noch in Rückzugsgebieten (z.B. Gebirgen) als Brutvogel vor.

▲ Lebensraum: In den meisten Teilen Europas lebt der Steinadler gegenwärtig in Gebirgen. Dort horstet er an steilen Felswänden (gelegentlich auch auf Bäumen) und jagt auf den freien Flächen, die meist oberhalb der Baumgrenze liegen. In Schweden und Finnland sowie im europäischen Teil der Sowjetunion bewohnt er dagegen abgelegene große Waldgebiete, horstet auf alten Bäumen und jagt auf offenen Flächen (z.B. Mooren).

▲ Siedlungsdichte und Reviergröße: In den Schweizer Alpen wurden neuerdings in einem besonders günstigen Untersuchungsgebiet von 5565 km^2 insgesamt 51 Paare festgestellt; damit entfallen durchschnittlich 109 km^2 auf 1 Paar. Jedoch bejagt ein Paar während der Brut- und Aufzuchtperiode nur 22–48 km^2, im Winter sogar noch kleinere Flächen, die dann vor allem an Südhängen in der subalpinen Höhenstufe liegen. Im Schottischen Hochland umfaßt der Lebensraum eines Paares 44–73 km^2, wovon zur Brutzeit ebenfalls nur etwa 20 km^2 bejagt werden.

Bestand

Bestandsverhältnisse in Europa: Im Gesamtbereich der Alpen, wo die Population inzwischen in allen Teilen mehr oder weniger gesättigt sein dürfte, gibt es gegenwärtig etwa 800 Paare. Etwas größer ist der Bestand auf der Iberischen Halbinsel mit 860–1000 Paaren. Im übrigen Südeuropa (Italien ohne den Alpenanteil sowie auf der Balkanhalbinsel) leben weitere 500–700 Paare. In Schottland wird der Bestand auf 425 Paare und 87 Einzelvögel beziffert. In Norwegen und Schweden schätzt man den Bestand auf insgesamt etwa 700 Paare, in Finnland auf etwa 200 Paare.

Ohne den europäischen Teil der Sowjetunion, von wo keine Schätzung vorliegt, umfaßt der Bestand des Steinadlers in Europa gegenwärtig etwa 3700 Paare.

Bestandsgefährdung: In den Alpen sowie in Nord- und Westeuropa scheint der Bestand des Steinadlers heute nicht mehr akut gefährdet zu sein. Aber es gibt in den Alpen immer wieder – meist unbeabsichtigte – Störungen an den Brutplätzen durch den zunehmenden Tourismus und durch Hubschrauberflüge. In Süd- und Südosteuropa zeigen die Bestände dagegen leider immer noch anhaltenden Rückgang infolge von nachteiligen Lebensraumveränderungen in Verbindung mit einer Verringerung des Nahrungsangebotes, teilweise auch durch gezielte Verfolgung.

Steinadler-Weibchen am Horst bei seinem ca. 2 Monate alten Jungen.

▲ Jagdweise und Ernährung: Der Steinadler jagt entweder vom Ansitz aus oder im niedrigen Suchflug, wobei er den Überraschungseffekt nutzt. Jedoch führt nur etwa jeder 7. Jagdflug zum Erfolg. Die Ernährung ist generell sehr vielseitig und hängt von den lokalen und jahreszeitlichen Angeboten ab. In den Alpen sind Murmeltiere die Hauptbeute in den Sommermonaten; daneben werden Gems- und Rehkitze, Schneehasen und Rauhfußhühner erbeutet. Im Spätwinter bildet vor allem Fallwild (Lawinenopfer) die Hauptnahrung. Auf der Iberischen Halbinsel sind Kaninchen und Rothühner die Hauptbeutetiere, in Finnland Rauhfußhühner und Schneehasen. Auf der Balkanhalbinsel erbeutet der Steinadler im Sommer häufig auch Landschildkröten. Diese trägt er in die Höhe, um sie auf einen Felshang fallen zu lassen, damit der Panzer zerbricht.

▲ Fortpflanzung: Die Brutreife wird mit etwa 5 Jahren erreicht. Die Partner eines Paares bleiben zeitlebens zusammen und halten sich das ganze Jahr über in ihrem Revier auf. Bereits im Januar beginnt die Balz mit eindrucksvollen Flugspielen und dem

charakteristischen „Girlandenflug" (Abstürzen und Wiederaufsteilen). Der Horst wird in Gebirgen an Felswänden erbaut, meist in einer Nische unter einem schützenden Überhang, und kann infolge jahrelanger Benutzung beträchtliche Ausmaße erreichen, bis zu drei Meter Durchmesser und zwei Meter Höhe. In den großen Waldgebieten Nordosteuropas horstet der Steinadler auf alten Bäumen; aber auch in den Alpen findet man mitunter Baumhorste. Meist besitzt ein Paar mehrere Horste, zwischen denen es wechselt.
Legebeginn: Im März.
Gelegegröße: Selten nur 1 Ei, meist 2, ausnahmsweise 3 Eier (77 × 59 mm; 152 g), die auf weißlichem Grund

Steinadler-Jungvogel im Segelflug.

mehr oder weniger stark rotbraun und violettgrau gefleckt sind.
Legeabstand: 3–5 Tage.
Brutdauer: 43–45 Tage; es brütet hauptsächlich das Weibchen, das zwischendurch vom Männchen abgelöst wird. Da die Bebrütung schon bei Ablage des ersten Eies einsetzt, schlüpfen die Jungen in mehrtägigem Abstand. Das kleinere Junge geht häufig zugrunde, weil es von seinem älteren und stärkeren Geschwister bei den Fütterungen zurückgedrängt wird. Nur bei einem Viertel aller erfolgreichen Bruten kommen zwei Junge

zum Ausfliegen. Im Alter von 75 bis 80 Tagen sind die Jungadler flugfähig und verlassen etwa Ende Juli den Horst. Sie bleiben aber noch bis Oktober, z.T. sogar bis Januar im elterlichen Revier.

Fortpflanzungsrate: Die Häufigkeit erfolgreicher Bruten wird stark beeinflußt von den in der Nachbarschaft lebenden Einzeladlern. Wenn im Frühjahr solche Einzeladler immer wieder in Brutreviere eindringen und von den Revierinhabern vertrieben werden, dann sind dort erfolgreiche Bruten viel seltener als bei ungestörten Brutpaaren, die nur wenig territoriale Aktivitäten entwickeln müssen. Die Nachwuchsrate bei stabilen Populationen beträgt im Durchschnitt nur 0,5 flügge Junge pro Paar und Jahr, scheint aber für die Bestandserhaltung auszureichen.

▲ Sterblichkeit: Bei Jungvögeln bis zur Geschlechtsreife insgesamt etwa 70%, bei Brutvögeln jährlich etwa 7%.

▲ Höchstalter: 26 Jahre in freier Natur, 57 Jahre in Gefangenschaft.

▲ Wanderungen: Altvögel sind in der Regel Standvögel, während Jungadler oft weit umherstreichen und – vor allem im Winter – auch außerhalb des Brutgebietes erscheinen.

Spezielle Literatur:

DENNIS, R. H. et al. (1984): The status of the Golden Eagle in Britain. – Brit. Birds 77: 592–607.

FASCE, P. & L. (1984): L'Aquila reale in Italia, ecologia e conservazione. – LIPU, Parma.

FISCHER, W. (1976): Stein-, Kaffern- und Keilschwanzadler. – Die Neue Brehm-Bücherei, Band 500. – A. Ziemsen Verlag, Wittenberg Lutherstadt.

GRUBAČ, R. B. (1988): The Golden Eagle (*Aquila chrysaëtos*) in South-Eastern Yugoslavia. – Larus 38/39: 95–135.

HALLER, H. (1982): Raumorganisation und Dynamik einer Population des Steinadlers, *Aquila chrysaëtos*, in den Zentralalpen. – Ornitholog. Beobachter 79: 163–211.

HALLER, H. (1988): Zur Bestandsentwicklung des Steinadlers, *Aquila chrysaëtos*, in der Schweiz, speziell im Kanton Bern. – Ornitholog. Beobachter 85: 225–244.

TJERNBERG, M. (1983): Breeding ecology of the Golden Eagle, *Aquila chrysaëtos*, in Sweden. – Uppsala.

Seeadler
Haliaeëtus albicilla

Länge: 77–95 cm
Spannweite: ♂ ca. 220 cm, ♀ ca. 240 cm
Gewicht: ♂ 3000–4600 g
♀ 4300–6700 g

▲ Vorkommen in Mitteleuropa: Einigermaßen stabile Bestände des Seeadlers gibt es in Mitteleuropa gegenwärtig nur noch in der DDR mit etwa 120 Brutpaaren und in Polen mit etwa 220 Brutpaaren. Die in Schleswig-Holstein brütenden 4–5, jetzt 6 Paare werden seit 1968 durch die Mitarbeiter im „Projekt Seeadlerschutz" erfolgreich bewacht und betreut. In Ungarn gibt es noch 15–20 Paare, in der ČSSR neuerdings wieder 5 Paare.
In den übrigen Bereichen Mitteleuropas erscheint der Seeadler zwischen Oktober und März in einzelnen Exemplaren ziemlich regelmäßig als Durchzügler bzw. Wintergast. Wenn man ihn in geeigneten Lebensräumen – an Seen oder in Flußniederungen – beobachten kann, so ist dies immer ein besonderes Erlebnis.

▲ Kennzeichen: Im Flug ist der Seeadler an seiner auffallenden Größe mit fast zweieinhalb Metern Spannweite, an den breiten, brettartigen Flügeln, die an der Spitze stark gefingert sind, sowie am relativ kurzen, keilförmigen Schwanz zu erkennen. Der Schwanz ist bei Altvögeln schneeweiß, während er bei Jungvögeln zunächst dunkel ist und erst im Verlauf von mehreren Mausern weiß wird. Bei Altvögeln fällt außer dem weißen Schwanz der mächtige gelbe Schnabel auf, dazu der gelblichweiße Kopf und Hals; die sonstige Gefiederfärbung ist dunkelbraun bis fahlbraun, denn Rücken und Flügeldecken sind oft stark ausgebleicht.
Weibchen sind in der Regel größer als Männchen, was man aber oft nur erkennen kann, wenn man beide nebeneinander sieht.

Seeadler-Porträt

Jungvögel sind allgemein dunkler als Altvögel, vor allem auch Kopf, Schnabel und Schwanz. Von anderen großen Adlern lassen sie sich durch den kurzen, keilförmigen Schwanz und – aus geringer Entfernung – durch den mächtigen Schnabel unterscheiden.

▲ Stimme: Seeadler sind in der Balz- und Brutzeit sehr ruffreudig. Das Männchen ruft ein lautes, ansteigendes „Krick-rick-rick-rick", das Weibchen etwas tiefer „rack-rack-rack", oft 10 und mehr Rufe nacheinander. Häufig lassen die Partner eines Paares diese Rufreihen im Wechseltakt hören. Daneben gibt es noch einige andere Lautäußerungen.

▲ Verbreitung: Isolierte Populationen in Südwest-Grönland und Nordwest-Island. Das Hauptareal erstreckt sich von Skandinavien, Mittel- und Südosteuropa sowie der Türkei an ostwärts in einem breiten Gürtel quer durch die Sowjetunion bis zu den Küsten Ostasiens; dort ist die Art von der Anadyrbucht bis nach Nordost-China verbreitet.

▲ Lebensraum: Auf Island, in Norwegen und im Ostseeraum lebt der Seeadler vorwiegend an Meeresküsten, während er in den übrigen Bereichen seines europäischen Verbreitungsgebietes an Seen oder Flüssen im Binnenland wohnt. Dies trifft auch für eine Population von ca. 25 Paaren in Schwedisch-Lappland zu. Wesentliche Voraussetzungen des Lebensraumes sind, daß die Gewässer ein reiches Angebot an Wasservögeln und Fischen beherbergen und daß in nicht zu großer Entfernung geeignete Altholzbestände bzw. Küstenfelsen zum Horsten vorhanden sind.

▲ Siedlungsdichte und Reviergröße: In optimalen Gebieten, z. B. im Bereich der Mecklenburgischen Seenplatte (DDR) kann die Siedlungsdichte 16–20 Brutpaare auf 1000 km^2 betragen. Auf einer nur 22 km^2 gro-

Bestand

Bestandsverhältnisse in Europa: In Nordeuropa bilden etwa 800 Paare an den Küsten Norwegens und auf vorgelagerten Inseln den Hauptbestand; des weiteren leben in Schweden 80 Paare, in Finnland 60 Paare, auf Island 20 Paare. In Großbritannien hat an der Westküste Schottlands eine erfolgreiche Wiedereinbürgerung stattgefunden, 1986 waren 7 Paare vorhanden; auch hier werden die Bruten rund um die Uhr bewacht.

Mitteleuropa (s. oben): ca. 370 Paare.

Südosteuropa: ca. 75 Paare (Jugoslawien: ca. 60; Griechenland: weniger als 5; Bulgarien: 1, Rumänien: ca. 10).

Europäischer Teil der Sowjetunion: ca. 300 Paare, davon etwa 200 Paare am Unterlauf der Wolga.

Der Gesamtbestand in Europa umfaßt also rund 1700 Paare.

Bestandsgefährdung: Die Hauptursache der Bestandsgefährdung – speziell im Ostseeraum – bilden Umweltgifte, die den Seeadler als Endglied der Nahrungskette – über die Beutetiere – belasten und seine Jungenproduktion vermindern. Es kommen auch immer noch illegale Abschüsse vor. Auf der anderen Seite wurden in vielen Ländern die Schutzmaßnahmen verstärkt – auch in internationaler Zusammenarbeit –, so daß sich die Bestände – zumindest in Nordeuropa – stabilisiert haben und z. T. sogar Zunahme zeigen.

Seeadler (etwa 2 Jahre alt) im Übergangskleid mit teils alten und ausgebleichten, teils neuen Federn.

ßen norwegischen Insel, die riesige Brutkolonien von Seevögeln beherbergt, brüten 8–9 Paare Seeadler. Normalerweise umfaßt der Lebensraum eines Paares zur Brutzeit jedoch mindestens 24–45 km^2. Die Flüge zu Jagdgebieten können sich bis 20 km weit vom Horst erstrecken.

▲ Jagdweise und Ernährung: Der Seeadler jagt entweder vom Ansitz aus oder im Suchflug. Seine Hauptbeutetiere sind Fische und Wasservögel. Die Fische (z. B. Karpfen) greift er, wenn sie in ruhigem bzw. seichtem Wasser nahe an der Oberfläche schwimmen, aus dem flachen Gleitflug. Tieferstehende Fische erbeutet er dagegen aus 10–20 m Höhe im Sturzflug nach kurzem Rütteln; dabei kann der Adler fast ganz im Wasser verschwinden. Die Jagd auf Wasservögel (z. B. Bleßrallen, Taucher oder Enten), die vor ihm wegtauchen, kann sich über eine halbe Stunde hinziehen. Aber jedesmal, wenn der angegriffene Vogel auftaucht, ist der Adler gleich wieder über ihm, und er muß erneut wegtauchen. Dies führt zwangsläufig zur Ermattung des angegriffenen Vogels, seine Tauchstrekken werden immer kürzer. Aber man hat schon über 40 Angriffe eines Seeadlers auf eine Bleßralle gezählt, bis er sie schließlich erbeutet hat. Nicht selten jagen zwei Seeadler (z. B. die Partner eines Paares) mit dieser Methode gemeinsam auf Wasservögel, um leichter zum Erfolg zu kommen. Obwohl Seeadler im Flug etwas schwerfällig wirken, sind sie doch imstande, gelegentlich auch fliegende Vögel (z. B. Gänse) zu erbeuten. Daneben bilden tote Tiere – auch größere Säuger – einen beträchtlichen Teil der Nahrung, vor allem im Winterhalbjahr.

▲ Fortpflanzung: Die Geschlechtsreife erreichen Seeadler im Alter von 3–4 Jahren, also noch bevor sie das voll ausgefärbte Alterskleid tragen, sind aber erst 1–2 Jahre später imstande, erfolgreich zu brüten. Die Paare leben in Dauerehe; erst nach dem Tod eines Partners findet Neuverpaarung statt. Die Balz beginnt bereits im Dezember oder Januar und hat ihren Höhepunkt im Februar. Sie äußert sich in häufigen Rufen (oft im Duett), ausgedehnten Balzflügen über dem Brutrevier, wobei die Partner spielerisch aufeinander stoßen und sich mit den Fängen berühren, sowie Begattungen.

Der Horst wird an den Küsten Nordeuropas auf Felsen gebaut, im mitteleuropäischen Binnenland auf alten hohen Bäumen, meist in Altholzbeständen von Kiefern oder Rotbuchen. Dabei muß freier An- und Abflug gewährleistet sein. Ein zum Horsten geeigneter Wald kann mehrere Kilometer vom Jagdgebiet entfernt liegen. Oft besitzt ein Paar mehrere Horste, die es abwechselnd benutzt.

Legebeginn: Ende Februar/Anfang März.

Gelegegröße: 1–3, meist 2 Eier (75 × 58 mm; 140 g), die kalkweiß und meist ungefleckt sind.

Legeabstand: 2–3 Tage.

Brutdauer: 38 Tage.

Es brütet hauptsächlich das Weibchen, das zwischendurch vom Männchen abgelöst wird. Die kleinen Jungen werden vom Weibchen gehudert und bewacht, während das Männchen Beute herbeiträgt. Wenn die Jungen etwa 4 Wochen alt sind, fliegt auch das Weibchen mit zur Jagd.

Nestlingsdauer: 70–90 Tage. Nur etwa bei der Hälfte aller erfolgreichen Bruten kommen zwei Junge zum Ausfliegen; sonst nur ein Junges. Nach dem Ausfliegen braucht ein Jungvogel noch 2–3 Monate Betreuung durch die Eltern, bis er selbständig ist und verstreicht.

Fortpflanzungsrate: Unter normalen Bedingungen – ohne Belastung durch Umweltgifte – beträgt die Fortpflanzungsrate 1,2 bis 1,6 flügge Junge pro Paar und Jahr. Jedoch lag die Fortpflanzungsrate bei den Seeadlern im Ostseeraum infolge der Belastung mit Umweltgiften bei nur 0,5, was für die Bestandserhaltung sicher nicht ausreicht.

▲ Sterblichkeit: Bei ausgeflogenen Jungvögeln schätzungsweise ca. 50%, bei Altvögeln ca. 20%.

▲ Höchstalter: Mindestens 31 Jahre in der freien Natur, 42 Jahre in Gefangenschaft.

▲ Wanderungen: Während die Altvögel der mitteleuropäischen Populationen in der Regel Standvögel sind und den Winter in der erweiterten Umgebung des Brutreviers verbringen, verstreichen die Jungvögel im September/Oktober aus dem elterlichen Revier. In Einzelfällen wandern sie über 1000 km weit ab, z. T. bis nach West- und Südeuropa. Aus Nordeuropa kommen auch Altvögel vereinzelt im Spätherbst bis nach Mitteleuropa zum Überwintern.

Spezielle Literatur:

FISCHER, W. (1982): Die Seeadler. – Die Neue Brehm-Bücherei, Band 221, 3. Auflage. – A. Ziemsen Verlag, Wittenberg Lutherstadt.

RÜGER, A. & T. NEUMANN (1982): Das Projekt Seeadlerschutz in Schleswig-Holstein. – Kiel.

Fischadler
Pandion haliaëtus

Länge: um 60 cm
Spannweite: um 160 cm
Gewicht: ♂ ca. 1400 g
♀ ca. 1600 g

▲ Vorkommen in Mitteleuropa: Das regelmäßige Brutvorkommen ist gegenwärtig auf Gebiete östlich der Elbe beschränkt. In der DDR brüten – nach starkem Rückgang in den 60er Jahren – heute wieder 120 Paare, hauptsächlich in Mecklenburg und Brandenburg. Für Polen wird der Brutbestand in Pommern und Masuren auf 30–40 Paare geschätzt. Im übrigen Mitteleuropa kommt der Fischadler nicht mehr als Brutvogel vor, erscheint aber regelmäßig als Durchzügler im Frühjahr (Ende März bis Anfang Mai) und Spätsommer (Mitte August bis Anfang Oktober). In nahrungsmäßig günstigen Teichgebieten halten sich Fischadler dann – vor allem im Spätsommer – oft mehrere Wochen lang auf. Ebenda kann es vorkommen, daß Fischadler von April bis August übersommern; hierbei handelt es sich fast stets um noch nicht geschlechtsreife Tiere (im 2. oder 3. Lebensjahr). Es ist aber zu hoffen, daß es in Zukunft bei Stabilisierung des Bestandes und bei entsprechenden Schutzmaßnahmen auch im westlichen Mitteleuropa wieder zu Brutansiedlungen kommt.

▲ Kennzeichen: Im Flug ist der Fischadler an den sehr langen und schmalen, meist etwas gewinkelten Flügeln und vor allem an der blendend weißen Unterseite des Körpers zu erkennen.

Oberseits ist das Gefieder dunkelbraun. Der weiße Kopf mit dunklem Augenstreif zum Nacken hin ist im Flug auffallend vorgestreckt, der gebänderte Schwanz ist etwas kürzer als die Flügelbreite. Typisch ist auch das häufige Rütteln über Wasserflächen und das Stoßtauchen beim Fischfang. Weibchen und Jungvögel zeigen auf der weißen Unterseite meist ein deutliches dunkles Brustband. Außerdem sind bei Jungvögeln Scheitel und Nacken mehr oder weniger dunkel gestreift, während auf der Flügeloberseite die hellen Säume der Deckfedern auffallen.

▲ Stimme: Am Brutplatz hell klingende „jip-jip-jip"-Rufreihen und „kjück-kjück-kjück"-Laute.

▲ Verbreitung: Als Kosmopolit bewohnt der Fischadler in 5 Rassen fast alle Erdteile mit Ausnahme Südamerikas, jedoch in äußerst unterschiedlicher Dichte. Er brütet in Nord- und Osteuropa sowie quer durch Asien bis zum Pazifik, in Indonesien und an den Küsten Australiens, in einigen Bereichen Afrikas sowie in Nord- und Mittelamerika.

▲ Lebensraum: Von Wald umgebene klare, fischreiche Seen und ruhige Flußläufe im Binnenland sowie bewaldete oder felsige Regionen an Meeresküsten.

▲ Siedlungsdichte und Reviergröße: In sehr günstigen Lebensräumen kann die Siedlungsdichte recht hoch sein. So brüteten früher auf der Halbinsel Darß/Ostsee (DDR) 16 Paare, davon 4 Paare in einem lichten Kiefernaltholz von etwa 2,5 ha Größe. Andererseits können sich die Jagdflüge zu Nahrungsgewässern – z. B. in Schottland – 10 bis 20 km weit vom Horst entfernen. Infolgedessen kann der Lebensraum eines Brutpaares sehr verschieden groß sein. Territoriales Verhalten wird offenbar nur schwach entwickelt.

▲ Jagdweise und Ernährung: Der Fischadler erbeutet fast ausschließlich Fische (mit durchschnittlich etwa 300 g Gewicht), wobei er allerdings auf möglichst klare Gewässer angewiesen ist. In seinem Körperbau ist er sehr gut an das Festhalten von glitschigen Fischen angepaßt: Die Außenzehen der Fänge können nach hinten gewendet werden, so daß zwei Zehen nach vorn und zwei nach hinten stehen; die Zehensohlen weisen stachelartige Schuppen auf; die scharfen Krallen der Fänge sind sehr

Bestand

Bestandsverhältnisse in Europa: Wegen starker menschlicher Verfolgung in früheren Jahrzehnten kommt der Fischadler in vielen Ländern nicht mehr als Brutvogel vor. In Mittel-, West- und Südeuropa leben nur noch sehr geringe Restbestände: DDR: 120 Paare, Polen: 30–40 Paare; an den Küsten der Iberischen Halbinsel: 12–20 Paare; Frankreich: 12 Paare an der Westküste Korsikas. Großbritannien: Nach dem Erlöschen des Bestandes um 1910 fanden ab 1954 Neuansiedlungen an Seen im schottischen Hochland statt; dank intensiver Schutzmaßnahmen und Öffentlichkeitsarbeit brüten dort gegenwärtig wieder etwa 50 Paare.
Norwegen: 27 Paare.
Die Masse des europäischen Bestandes lebt in Schweden (ca. 2000 Paare), in Finnland (ca. 1000 Paare) und im europäischen Teil der Sowjetunion (ca. 2000 Paare).

Bestandsgefährdung: Während die geringen Restbestände in Südeuropa nur durch energische Schutzmaßnahmen vor dem Erlöschen bewahrt werden können, ist der Bestand in Nordeuropa offenbar stabil und zeigt sogar leichte Zunahme. Trotzdem sind Anstrengungen notwendig, um sichere Brutplätze zu gewährleisten und um Störungen durch den wachsenden Freizeitbetrieb auszuschalten.

Fischadler-Männchen bringt Beute zum Horst.

lang und fast halbkreisförmig gebogen. Der Jagdflug über einem Gewässer wird immer wieder durch Rütteln unterbrochen. Sobald der Adler einen Fisch nahe der Wasseroberfläche erspäht hat, stürzt er sich mit angewinkelten Schwingen und vorgestreckten Fängen fast senkrecht in das aufspritzende Wasser, verschwindet oft völlig darin, um gleich darauf – wenn er Erfolg hatte – mit einem zappelnden Fisch in den Fängen wieder aufzufliegen, schüttelt sich, daß die Tropfen sprühen, und fliegt mit der Beute zu seinem Kröpfplatz bzw. zum Horst.

▲ Fortpflanzung: Die Geschlechtsreife wird im Alter von 3 bis 4 Jahren erreicht. Da die Partner eines Paares in jedem Frühjahr – wenn auch nicht gleichzeitig – an ihren vorjährigen Brutplatz zurückkehren, brüten sie meist immer wieder zusammen. Gleich nach der Ankunft (in der DDR Ende März) beginnen die Balzflüge und Begattungen.
Der Horst wird in Mittel- und Nordeuropa meist auf dem Wipfel eines alten Baumes (oft Kiefern-Überhälter) errichtet, im Mittelmeerraum und an den Küsten des Roten Meeres dagegen in der Regel auf Felsen, gelegentlich auch auf dem Erdboden. Infolge jahrelanger Benutzung kann der Horst ein mächtiger Bau werden. Auch künstliche Plattformen auf Ge-

rüsten können als Brutplätze wertvolle Hilfe leisten. In der DDR werden zunehmend Horste auf Hochspannungsmasten gefunden, wo der Bruterfolg deutlich größer ist als bei Baumhorsten, weil letztere nicht selten abstürzen.

Legebeginn: Ende April.

Gelegegröße: Meist 3, selten nur 2 oder 4 Eier (61×46 mm; 73 g), die auf weißem Grund prachtvoll dunkelrotbraun und aschgrau gefleckt sind.

Legeabstand: 2 Tage.

Brutdauer: 38 Tage. Es brütet hauptsächlich das Weibchen, das vom Männchen mit Beute versorgt und für kurze Zeit beim Brüten abgelöst wird, solange das Weibchen die Beute verzehrt. Auch während der Jungenaufzucht bringt das Männchen die Nahrung für die ganze Familie, während das Weibchen die Jungen füttert und bewacht. Im Alter von 54 bis 60 Tagen sind die Jungen flugfähig, kehren aber noch einige Wochen lang immer wieder auf den Horst zurück, der als Beuteübergabeplatz dient. Die Familie kann gemeinsam vom Brutplatz abziehen, um auf dem Herbstzug noch an nahrungsreichen Gewässern zu verweilen, ehe sie sich auflöst.

Fortpflanzungsrate: Normal 1,8 flügge Junge pro Paar und Jahr.

▲ Sterblichkeit: Bei Jungvögeln etwa 54%, bei Altvögeln etwa 18%.

▲ Höchstalter: 25 Jahre in freier Natur.

▲ Wanderungen: Der Fischadler ist ausgesprochener Zugvogel, der hauptsächlich in West-Afrika (südlich der Sahara) überwintert, teilweise auch schon im Mittelmeerraum. Wegzug von August bis Oktober mit Gipfel Mitte September; Heimzug Mitte März bis Anfang Mai mit Gipfel in der 1. Aprilhälfte.

Spezielle Literatur:

HEMKE, E. (1987): Fischadler auf Hochspannungsmasten. – Der Falke 34: 256–259.

MEYBURG, B.-U. & C. (1987): Der Fischadler (*Pandion haliaëtus*) als Brutvogel in Mitteleuropa. – Sitz. ber. Ges. Naturforsch. Freunde Berlin 27: 34–41.

MOLL, K. H. (1962): Der Fischadler. – Neue Brehm-Bücherei Bd. 308. – A. Ziemsen Verlag, Wittenberg Lutherstadt.

ÖSTERLÖF, S. (1977): Migration, wintering areas, and site tenacity of the European Osprey *Pandion h. haliaëtus* (L.). – Ornis Scand. 8: 61–78.

RÜPPELL, G. (1981): Analyse des Beutefanges des Fischadlers (*Pandion haliaëtus*). – Journal f. Ornithologie 122: 285–305.

Fischadler-Weibchen am Horst.

Schreiadler
Aquila pomarina

Länge: 61–66 cm
Spannweite: ♂ ca. 145 cm, ♀ ca. 160 cm
Gewicht: ♂ ca. 1200 g
♀ ca. 1500 g

▲ Vorkommen in Mitteleuropa: In den nordöstlichen Bereichen der DDR kommt der Schreiadler als seltener Brutvogel vor; sein dortiger Bestand ist jedoch stabil, denn er zeigt Ausbreitungstendenz nach Westen. In Polen und im Osten der Tschechoslowakei brütet er relativ häufig, spärlicher auch in Ungarn. Im sonstigen Mitteleuropa ist der Schreiadler dagegen ein sehr seltener Gast, den man nur ausnahmsweise beobachten kann.

▲ Kennzeichen: Obwohl deutlich kleiner als ein Steinadler, und nur wenig größer als ein Bussard, zeigt der Schreiadler beim Kreisen ein ausgesprochen adlerartiges Flugbild mit langen, parallelrandigen Flügeln und starker Fingerung der Handschwingen.

Bei Altvögeln ist das Gefieder ziemlich einheitlich erdbraun, doch sind die Flügeldecken heller als die dunkleren Schwungfedern. (Beim sehr ähnlichen Schelladler ist es umgekehrt!) Bei Jungvögeln bilden die gelblichen Spitzen der Flügeldecken ein helles Band auf der Ober- und Unterseite der Flügel. (Junge Schelladler haben dagegen oberseits meist 2–3 helle Flügelbinden.)

Aus der Nähe sieht man bei jungen Schreiadlern einen charakteristischen hellen Nackenfleck. Das Alterskleid erreichen sie erst mit etwa 4 Jahren.

▲ Stimme: Der Schreiadler verdankt seinen Namen den sehr klangvollen, im Brutgebiet häufig zu hörenden „tjück“-Rufen, die meist mehrmals nacheinander ertönen. Beim Balzflug läßt das Männchen einen langgezogenen Pfiff hören.

Fast flügge Schreiadler-Jungvögel.

▲ Verbreitung: Das Brutareal ist verhältnismäßig klein. Es umfaßt außer der DDR und Polen, der ČSSR, Ungarn, Rumänien, Bulgarien, Jugoslawien und Griechenland sowie der Türkei nur die westlichen Bereiche der europäischen Sowjetunion. Gemessen an den Durchzugsmengen im Nahen Osten hat aber der russische Bestand offenbar eine sehr dichte Verbreitung. – Isoliert vom europäischen Brutareal brütet der Schreiadler auch im nördlichen Indien, Bangladesch und Burma.

▲ Lebensraum: Laub- und Mischwälder, die von Feuchtgebieten (nassen Wiesen, Mooren und Teichen) durchsetzt bzw. umgeben sind; vorzugsweise in Niederungen, in Südosteuropa aber auch im Mittelgebirge und dort z. T. in völlig trockenen Gebieten.

▲ Siedlungsdichte und Reviergröße: In günstigen Lebensräumen kann die Siedlungsdichte ziemlich hoch sein, nämlich etwa 10 Paare auf 100 km^2. Die Reviere scheinen verhältnismäßig klein zu sein, denn benachbarte Paare brüten mitunter nur 400 m voneinander entfernt.

▲ Jagdweise und Ernährung: Häufig betreibt der recht langbeinige Schreiadler die Jagd zu Fuß, z. B. auf Frösche. Außerdem jagt er vom kreisenden, gelegentlich auch rüttelnden Suchflug sowie vom Ansitz aus. Die Nahrung ist sehr vielseitig und vom jeweiligen Angebot abhängig. Hauptbeutetiere sind Kleinsäuger bis zur Größe eines Junghasen, vor allem Wühlmäuse. Daneben werden Jungvögel und Amphibien sowie Reptilien und größere Insekten erbeutet; letztere dürften vor allem im afrikanischen Winterquartier von Bedeutung sein.

▲ Fortpflanzung: Geschlechtsreife wahrscheinlich im Alter von 3–4 Jahren. Die Paare sind sehr reviertreu und halten vermutlich lebenslang zusammen. Nach der Ankunft im Brutgebiet, die in der DDR in der ersten Aprilhälfte erfolgt, zeigen die Männchen bis weit in den Mai hinein sehr ausgeprägte Balzflüge.

Der Horst wird auf Laub- oder Nadelbäumen gebaut, oft recht hoch und meist auf der Grundlage eines alten Horstes. Der Rand des Horstes wird immer wieder mit frischen grünen Zweigen belegt.

Legebeginn: Ende April/Anfang Mai.

Gelegegröße: Fast stets 2 Eier (63 × 51 mm; 80 g), die auf weißem Grund braun und violett gefleckt sind.

Legeabstand: 3–4 Tage. Das Weibchen brütet vom 1. Ei an.

Brutdauer: 38–41 Tage. Die Jungen schlüpfen ebenfalls im Abstand von 3–4 Tagen. Jedoch geht das zuletzt geschlüpfte Junge schon nach wenigen Tagen ein, weil es von seinem älteren

Bestand

Bestandsverhältnisse in Europa: DDR: ca. 80 Paare; Polen: ca. 600 Paare; ČSSR: ca. 300 Paare; Ungarn: ca. 50 Paare; Jugoslawien und Rumänien: jeweils ca. 40 Paare; Bulgarien: 100–200 Paare; Griechenland: ca. 70 Paare; europäischer Teil der Sowjetunion: schätzungsweise 20 000 Paare.

Bestandsgefährdung: Scheint gegenwärtig nicht vorzuliegen, denn fast überall sind die Bestände stabil.

Schreiadler-Paar bei seinem ca. 2 Wochen alten Jungen.

Geschwister andauernd bekämpft und eingeschüchtert wird. Auf diese Weise ist gewährleistet, daß der überlebende Jungvogel optimal ernährt wird und in kurzer Zeit ausreichend Fettreserven bilden kann für die weite Wanderung ins Winterquartier.
Nestlingsdauer: 51–58 Tage. Nach weiteren 3–4 Wochen ist der Jungvogel selbständig.
▲ Höchstalter: 26 Jahre (aufgrund von Beringung).
▲ Wanderungen: Ausgesprochener Zugvogel, dessen Überwinterungsgebiete in den ostafrikanischen Savannen südlich des Äquators liegen. Abzug aus den Brutgebieten zwischen Mitte August und Mitte September. Starke Konzentration des Zuges am Bosporus (mit Höhepunkt Ende September), zum geringeren Teil auch am Ostufer des Schwarzen Meeres. Heimzug: Anfang März bis Anfang April (Durchzugsgipfel am Bosporus um die Monatswende März/April).

Spezielle Literatur:

BAUMGART, W. (1980): Steht der Schreiadler unter Zeitdruck? – Der Falke 27: 6–17.
MEYBURG, B.-U. (1970): Zur Biologie des Schreiadlers (*Aquila pomarina*). – Deutscher Falkenorden, Jahrbuch 1969: 32–66.
WENDLAND, V. (1959): Schreiadler (*Aquila pomarina*) und Schelladler (*Aquila clanga*). Neue Brehm-Bücherei, Band 236. – A. Ziemsen Verlag, Wittenberg Lutherstadt.

Rotfußfalke
Falco vespertinus

Länge: 30–32 cm
Spannweite: 73–77 cm
Gewicht: ♂ 150 g
♀ 170 g

▲ Vorkommen in Mitteleuropa: Das Brutareal des Rotfußfalken, der hauptsächlich in der Sowjetunion beheimatet ist, hat seine Westgrenze im südöstlichen Mitteleuropa (Ungarn und Slowakei). Jedoch erscheinen Rotfußfalken auf dem Zug nicht allzu selten auch weiter westlich. In der Schweiz, in Süddeutschland und in Österreich werden alljährlich im Mai einige auf dem Frühjahrszug beobachtet, oft in Gesellschaft von Baumfalken. Ganz ausnahmsweise kommt es sogar vor, daß einzelne Paare bei günstigen Ernährungsbedingungen hier im Westen bleiben und brüten; in den letzten Jahrzehnten sind 3 Bruten in der BRD und 2 Bruten in der DDR nachgewiesen worden. Auf dem Herbstzug im August/September kommt es in Norddeutschland (sowie in Südschweden und Dänemark) regelmäßig zu Einflügen, in manchen Jahren sogar in größeren Mengen. Da die Vögel eine geringe Fluchtdistanz von nur 20–40 m haben, sind sie gut zu beobachten.

▲ Kennzeichen: Obwohl im Flugbild dem Baumfalken sehr ähnlich, ist der Rotfußfalke generell daran zu erkennen, daß er häufig rüttelt. Gern jagt er noch bis in die späte Abenddämmerung auf die dann umherschwärmenden Käfer und heißt deswegen auch „Abendfalke“.

Altvögel haben orangerote Fänge; auch die Wachshaut am Schnabel und die Augenumrandung sind orangerot; aber die Gefiederfärbung der Geschlechter ist völlig verschieden: alte Männchen sind fast einheitlich grau-

Rotfußfalken-Weibchen

schwarz gefärbt, nur die Hosen und Unterschwanzdecken sind ziegelrot. Bei ausgefärbten Weibchen sind Kopf und Unterseite des Körpers rostgelb, während die graue Oberseite eine schwarze Querbänderung aufweist. Jungvögel sind oberseits mehr bräunlich, unterseits längsgestreift; sie lassen sich durch den hellen Halsring sowie das gelegentliche Rütteln gut unterscheiden von jungen Baumfalken.

▲ Stimme: Bei Erregung hohe „giv-giv-giv"-Rufe.

▲ Verbreitung: Das Brutgebiet erstreckt sich von Ungarn sowie von der Gegend bei Leningrad ostwärts quer durch die Sowjetunion (etwa zwischen 45° und 60° nördlicher Breite) bis ans Japanische Meer. Durch die Gebirgszüge um den Baikalsee ist die westliche Rasse von der östlichen getrennt.

▲ Lebensraum: Offenes Gelände und Steppengebiete mit Feldgehölzen oder Waldinseln, wo Nester von Saatkrähen oder Elstern als Brutplätze zur Verfügung stehen und wo in der Umgebung ein reiches Nahrungsangebot existiert. Auf dem Zug wird die Insektenjagd gern in der Nähe von Teichen und Seen betrieben.

▲ Siedlungsdichte und Reviergröße: Stets sehr gesellig, kein Territorialverhalten. In den Brutkolonien kann der Abstand zwischen besetzten Nestern sehr gering sein.

▲ Jagdweise und Ernährung: Häufig betreiben Rotfußfalken die Jagd im Flug, wobei sie fliegende Insekten mit den Fängen ergreifen und sofort verzehren. Auf Beutetiere am Boden jagen sie von Ansitzwarten und aus dem Rüttelflug; gelegentlich erbeuten sie Käfer am Boden auch zu Fuß. Die Hauptnahrung bilden Insekten (Käfer, Heuschrecken, Libellen), während Kleinsäuger (vor allem Wühlmäuse), Eidechsen und Kröten eine wichtige Rolle bei der Jungenaufzucht spielen können.

▲ Fortpflanzung: Geschlechtsreife im Alter von 1 Jahr. Die Paare führen eine Saisonehe und brüten meist kolonieweise; es kommen aber auch Einzelbruten vor.

Als Brutplätze dienen Nester von Saatkrähen, die ja ebenfalls in z.T. großen Kolonien brüten, sowie Nester von Elstern, manchmal auch Halbhöhlen in alten Bäumen. Der Balzflug ist dem des Turmfalken sehr ähnlich.

Bestand

Bestandsverhältnisse in Europa: Österreich: ca. 10 Paare östlich des Neusiedler Sees; Tschechoslowakei: ca. 50 Paare im Südosten; Ungarn: 800–1000 Paare; Jugoslawien: ca. 80 Paare im Nordosten; Bulgarien: 10–20 Paare im Norden; Rumänien: 100–120 Paare; Polen: ca. 20 Paare im Südosten.
Ohne den europäischen Teil der Sowjetunion, von wo keine Zahlen vorliegen, ergibt sich ein Bestand von ca. 1200 Paaren.

Bestandsgefährdung: Lebensraumveränderungen infolge von Intensivierung der Landwirtschaft bewirkten in den letzten Jahrzehnten einen sehr starken Rückgang. Vermutlich hat dabei auch der Einsatz von Pestiziden eine wesentliche Rolle gespielt, weil dadurch die Nahrungsgrundlage (hauptsächlich Käfer und Heuschrecken) stark reduziert worden ist. Früher gab es in Ungarn Brutkolonien mit 500–600 Paaren, während heute maximal 50 Paare in einer Kolonie brüten.

Rotfußfalken-Männchen am Horst. Es hat seinem Jungvogel (ca. 3 Wochen alt) gerade eine erbeutete Heuschrecke übergeben.

Legebeginn: Ab Mitte Mai.
Gelegegröße: Meist 3 oder 4 Eier (37 × 29 mm; 21 g), die auf hellem Grund rotbraun gefleckt sind.
Legeabstand: 2 Tage.
Brutdauer: Auffallend kurz, nur 22–25 Tage. Beide Partner brüten, jedoch überwiegend das Weibchen. Die Jungen werden bis zum Alter von 10–12 Tagen vom Weibchen gehudert und bewacht, während das Männchen Futter bringt. Danach fliegt auch das Weibchen auf die Jagd und bringt Beute.
Nestlingsdauer: 26–28 Tage. Die ausgeflogenen Jungen sind schon nach 2 Wochen selbständig.
Fortpflanzungsrate: 1,6 flügge Junge pro Paar und Jahr.
▲ Höchstalter: 12 Jahre (aufgrund von Beringung).
▲ Wanderungen: Zugvogel, der den

Winter im südlichen Afrika verbringt. Abzug aus dem Brutgebiet im August, wobei die Vögel aus der Sowjetunion zunächst nach Westen ziehen und erst im Bereich der Balkanländer nach Süden schwenken. Zum Teil geschieht dies noch weiter nordwestlich, wie herbstliche Einflüge in Südschweden und Norddeutschland zeigen. Jedoch zieht die Masse der Rotfußfalken im Bereich des östlichen Mittelmeeres im September/Oktober nach Süden. Der Heimzug im Frühjahr verläuft generell weiter westlich, indem er von Nordwestafrika aus im April/Mai über Italien und die Balkanländer nach Nordosten führt. Zu einem geringen Teil verläuft er sogar über Südfrankreich und die Schweiz am Nordrand der Alpen entlang in östlicher Richtung.

Rotfußfalke im Segelflug (immaturer Vogel im 2. Lebensjahr).

Spezielle Literatur:

Anka, K. & J. Hölzinger (1965): Durchzug und erfolgreiche Brut des Rotfußfalken (*Falco vespertinus* L.) 1964 im Ulmer Raum. – Anzeiger Orn. Ges. Bayern 7: 325–332.

Balschun, D. (1980): Rotfußfalkenbrut im Gebiet der Mansfelder Seen (Bezirk Halle). – Falke 27: 18–21.

Lohmann, M. (1962): Zug und Verbreitung des Rotfußfalken (*Falco v. vespertinus*) in Mitteleuropa. – Vogelwarte 21: 171–187.

Rötelfalke
Falco naumanni

Länge: 30–32 cm
Spannweite: 70–75 cm
Gewicht: ♂ 140 g
♀ 150 g

▲ Vorkommen in Mitteleuropa: Die Brutvorkommen im Süden Österreichs, wo es in Kärnten und in der Steiermark im Jahr 1960 noch 280 Brutpaare gegeben hat, sind inzwischen fast völlig erloschen. Auch in Ungarn, in der Slowakei und im Südosten Polens brütet diese Art nur noch unregelmäßig. Ansonsten ist der Rötelfalke in Mitteleuropa ein sehr seltener Gast, also kaum zu beobachten.

▲ Kennzeichen: Dem Turmfalken sehr ähnlich (= Zwillingsart), nur geringfügig kleiner und schlanker. Am ehesten sind beide Arten im Freiland an der Stimme zu unterscheiden, im Flug auch daran, daß beim Rötelfalken die beiden mittleren Schwanzfedern die übrigen meist deutlich überragen (bis zu 2 cm).

Beim Rötelfalken-Männchen im farbenprächtigen Alterskleid sind Rükken und Oberflügel leuchtend rostrot und – im Unterschied zum Turmfalken-Männchen – völlig ungefleckt; auch die rostgelbe Körperunterseite weist nur wenige dunkle Flecken auf; Kopf und Schwanz sind mehr blaugrau; der stehende Vogel zeigt auf dem Flügel ein schiefergraues Feld. Weibchen und Jungvögel des Rötelfalken sind schwieriger von denen des Turmfalken zu unterscheiden; aber sie lassen sich in Gebieten, in denen beide Arten nebeneinander vorkommen, an den völlig andersartigen Rufen relativ leicht auseinanderhalten. Die Krallen der Fänge sind stets hell, nicht schwarz wie beim Turmfalken.

▲ Stimme: Ein heiseres „kéchet" oder „kéchäh", das in der Nähe der Brutkolonien recht häufig zu hören ist.

▲ Verbreitung: Von Nordwestafrika und Südeuropa über die Steppen und Halbwüsten Vorder- und Mittelasiens bis zum Altai-Gebirge verbreitet; isoliert auch in Nordchina vorkommend.

▲ Lebensraum: Trockene und offene Landschaften in warmen Regionen, bevorzugt an felsigen Hängen, wo der Boden nur von spärlicher Vegetation bedeckt ist, so daß die dort lebenden Beutetiere leicht entdeckt und gefangen werden können.

▲ Siedlungsdichte und Reviergröße: Ausgesprochen gesellig, kein Territorialverhalten. Brütet gern in Kolonien, die über 100 Paare umfassen können. Dabei können benachbarte

Rötelfalken-Männchen bringt Beute.

Brutplätze weniger als 2 m voneinander entfernt sein. In der Steiermark brüteten in den Jahren 1955–1966 auf einer Fläche von 170 km^2 51–67 Paare in 6–7 Kolonien. Im südafrikanischen Winterquartier können an einem gemeinsamen Schlafplatz bis zu 70000 Rötelfalken übernachten.

▲ Jagdweise und Ernährung: Jagt im Such- und Rüttelflug, gelegentlich auch vom Ansitz aus, seltener zu Fuß. Hauptnahrung sind große Insekten, wie Heuschrecken (vor allem Grillen) und Käfer; im afrikanischen Winterquartier auch schwärmende Termiten und Raupen des Heerwurms. Daneben werden – z. B. im Frühjahr, wenn Heuschrecken noch fehlen, – auch Kleinsäuger und Reptilien erbeutet.

▲ Fortpflanzung: Geschlechtsreife im Alter von 1–2 Jahren. Die Paare führen eine Saisonehe und brüten gern kolonieweise; es kommen aber auch Einzelbruten vor.

Als Brutplätze dienen Höhlungen in Fels- oder Lößwänden, in Mauern oder unter Dächern von Gebäuden, gelegentlich auch Baumhöhlen oder Nistkästen.

Bestand

Bestandsverhältnisse in Europa: Das Gros des europäischen Bestandes mit etwa 50000 Paaren lebt auf der Iberischen Halbinsel. Demgegenüber umfassen die Bestände in Italien (Sardinien, Sizilien und Süditalien) nur noch einige hundert Paare und auf der Balkanhalbinsel (Jugoslawien, Albanien, Griechenland) wenige tausend Paare. In Bulgarien und Rumänien, wo diese Art früher häufig war, kommt sie heute nur noch selten vor. Im Süden der europäischen Sowjetunion soll sie aber noch häufig sein.

Bestandsgefährdung: Fast überall in Südeuropa hat ein deutlicher Rückgang stattgefunden, der noch anhält. Er ist vor allem auf Lebensraum-Veränderungen und den Einsatz von Pestiziden zurückzuführen, weil dadurch die Nahrungsgrundlage (hauptsächlich Heuschrecken und Käfer) stark reduziert worden ist. Beim Rückgang im südöstlichen Mitteleuropa (Österreich, Ungarn, ČSSR und Polen) scheinen allerdings auch klimatische Veränderungen eine Rolle gespielt zu haben.

Rötelfalken-Paar beim Balzfüttern (links Weibchen, rechts Männchen).

Legebeginn: Ende April/Anfang Mai.
Gelegegröße: 3–5 Eier (35 × 29 mm; 16 g), die auf hellbraunem Grund rotbraune Punkte und Flecken aufweisen.
Legeabstand: 1–2 Tage. Brutbeginn mit dem letzten Ei.
Brutdauer: 28–29 Tage.
Nestlingsdauer: 28 Tage.
Fortpflanzungsrate: 1,6 flügge Junge pro Paar und Jahr bzw. 2,1 flügge Junge pro erfolgreicher Brut.
▲ Höchstalter: 6 Jahre (aufgrund von Beringung).
▲ Wanderungen: Zugvogel, der in Afrika südlich der Sahara überwintert, hauptsächlich in Südafrika. Vereinzelt überwintern Altvögel auch in der Türkei, in Südspanien und Nordwestafrika. Nach einem ungerichteten Zwischenzug im August beginnt der Herbstzug im September und hat im Mittelmeerraum seinen Höhepunkt Anfang Oktober.
Frühjahrszug im März/April.

Spezielle Literatur:

Andrada, J. & A. Franco (1977): Ardeola 23: 137–187.

Bernhauer, W. (1967): Der Rötelfalke in Österreich. – Der Falkner 17: 25–27.

Wruss, W. (1964): Der Rötelfalke in Kärnten. – Carinthia II 74: 164–167.

Saker
Falco cherrug

Länge: ♂ um 49 cm, ♀ um 54 cm
Spannweite: ♂ ca. 110 cm, ♀ ca. 126 cm
Gewicht: ♂ 700–900 g
♀ 1000–1300 g

▲ Vorkommen in Mitteleuropa: Der Saker, auch **Würgfalke** genannt, kommt nur im südöstlichen Mitteleuropa, nämlich in der Tschechoslowakei und in Ungarn, noch in geringen Restbeständen als Brutvogel vor. Von dort verstreichen Einzeltiere nur ganz ausnahmsweise westwärts, so daß der Saker im übrigen Mitteleuropa praktisch nicht zu beobachten ist.
▲ Kennzeichen: Im Flug ist der Saker an den breiteren, nicht so spitzen Flügeln, dem längeren Schwanz und dem langsameren Schwingenschlag von dem meist etwas kleineren Wanderfalken nicht allzu schwer zu unterscheiden. Dagegen ist in den Balkanländern die Verwechslungsmöglichkeit mit dem Feldeggsfalken (Lanner) ziemlich groß und eine sichere Artbestimmung nur aus der Nähe möglich.
Altvögel des Sakers erkennt man an der braunen Oberseite, dem hellen Kopf mit schmalem, dunklem Backenstreif und braunen Streifen auf dem Scheitel sowie an der hellen Unterseite, die mehr oder weniger stark dunkel gefleckt ist.
Jungvögel sind ebenfalls braun, generell dunkler als Altvögel, denn sie zeigen auch auf der Unterseite kräftige dunkelbraune Längsflecken.
▲ Stimme: Ein etwas rauhes Lahnen und Gäckern; außer am Brutplatz relativ selten zu hören.
▲ Verbreitung: Von Südosteuropa ostwärts durch die Steppen- und Waldsteppengebiete der Sowjetunion sowie durch die zentralasiatischen Hochländer bis nach China.
▲ Lebensraum: Zum Jagen benötigt der Saker offene, extensiv genutzte Kulturlandschaften bzw. Steppen oder Halbwüsten, auch auf Hochflächen der Gebirge. Es besteht eine enge Bindung an das Vorkommen mittelgroßer, tagaktiver Nager der offenen Landschaft (z.B. Ziesel) als Nahrungsgrundlage für eine erfolg-

Saker-Weibchen am Horst mit Jungvogel (knapp 3 Wochen alt).

reiche Jungenaufzucht. Zum Brüten benötigt der Saker Felswände oder Wälder, in denen alte Horste anderer Großvögel vorhanden sind. In Ungarn und in der Slowakei bewohnt er hauptsächlich Wälder der Mittelgebirge und jagt auf offenen Flächen der näheren und weiteren Umgebung.

▲ Siedlungsdichte und Reviergröße: In nahrungsmäßig günstigen Gebieten betragen die Abstände zwischen den Brutplätzen benachbarter Paare oft nur wenige Kilometer. Andererseits können regelmäßig aufgesuchte Jagdgebiete mitunter 15–20 km vom Horst entfernt liegen.

▲ Jagdweise und Ernährung: In geringer Höhe über dem Erdboden fliegend betreibt der Saker die Überraschungsjagd auf Bodentiere (z. B. Ziesel), die er im schnellen Darüberhingleiten ergreift und mit sich reißt. Bei der Verfolgung von auffliegenden Vögeln kann er aufgrund seines hohen Beschleunigungsvermögens sogar schnell fliegende Rebhühner und Tauben einholen. Während der Fortpflanzungsperiode besteht die Nahrung europäischer Saker überwiegend aus Zieseln, daneben aus Hamstern und mittelgroßen Vögeln, vor allem Tauben und Rebhühnern. In der kalten Jahreszeit – wenn die Ziesel Winterschlaf halten – werden hauptsächlich Vögel erbeutet, gelegentlich auch größere (z. B. Gänse).

▲ Fortpflanzung: Geschlechtsreife wohl meist mit 2 Jahren. Die Paare sind reviertreu und scheinen lebenslang zusammenzuhalten. Die Balz beginnt in Südosteuropa Ende Februar

mit lauten Rufreihen und Verteidigung des Horstbezirks gegenüber Eindringlingen.
Als Brutplatz wird vorwiegend ein vorhandener Horst auf einem Baum gewählt. Dabei werden nicht selten die eigentlichen Besitzer des Horstes (z. B. Mäusebussarde, aber auch Seeadler oder Kaiseradler) von den Sakern durch heftige Angriffe vertrieben. In Auwäldern an Flüssen kann auch ein Horst von einer Graureiher-, Kormoran- oder Weißstorchkolonie als Brutplatz dienen. Bei Bruten an Felswänden wird häufig ein alter Kolkrabenhorst bezogen.
Legebeginn: Zweite Märzhälfte.
Gelegegröße: 3 bis 5, meist 4 Eier (54 × 42 mm; 49 g), die auf hellem Grund dicht und fein gelbbraun gefleckt sind.
Legeabstand: 2–3 Tage.
Brutdauer: Etwa 30 Tage. Es brütet hauptsächlich das Weibchen, während das Männchen für Nahrung sorgt und Wache hält. Die Beuteübergabe (2- bis 3mal am Tag) findet entweder am Horst statt, oder das Weibchen fliegt dem Männchen entgegen, um ihm die Beute abzunehmen. Während das Weibchen kröpft, brütet das Männchen. Wenn die Jungen 2 bis 3 Wochen alt sind, fliegt auch das Weibchen wieder zur Jagd und bringt Beute.
Nestlingsdauer: 40–45 Tage. Die anschließende Bettelflugperiode dauert etwa 1 Monat.
Fortpflanzungsrate: Im Durchschnitt etwa 2 flügge Junge pro Brut.
▲ Höchstalter: Schätzungsweise 15–20 Jahre.
▲ Wanderungen: In Südosteuropa bleiben die Altvögel z. T. auch über den Winter hinweg im Brutgebiet, sofern genügend Nahrung zur Verfügung steht. Andernfalls ziehen sie im Herbst weg – ebenso wie die Jungvögel – und überwintern in Vorderasien oder in Nordostafrika. Im März kehren sie ins Brutgebiet zurück.

Saker-Männchen atzt seine Jungen (2 Wochen alt) im Kunsthorst.

Bestand

Bestandsverhältnisse in Europa: Österreich: Die früheren Brutplätze in Niederösterreich scheinen heute völlig verwaist zu sein; zuletzt 1978 und 1983 je 1 Brutpaar. Tschechoslowakei: 25 Paare in der Slowakei. Ungarn: 35–40 Paare. Jugoslawien und Rumänien: jeweils ca. 20 Paare. Bulgarien: nur noch 15 Paare (gegenüber 30–50 Paaren um 1960).
Abgesehen vom europäischen Teil der Sowjetunion, von wo ebenfalls über Abnahme berichtet wird, aber keine aktuellen Bestandszahlen vorliegen, leben in Europa also nur noch etwa 120 Paare des Sakers.

Bestandsgefährdung: Hauptsächlich durch Horstplünderungen (Entnahme von Eiern oder Jungen); aber auch durch Umbruch von Weideflächen und Steppen in Ackerland, weil dadurch die Bestände des Ziesels (= Hauptbeutetier) stark reduziert werden.

Saker-Weibchen hudert seine Jungen im Kunsthorst.

Spezielle Literatur:

Baumgart, W. (1978): Der Sakerfalke. – Neue Brehm-Bücherei, Band 514. – A. Ziemsen Verlag, Wittenberg Lutherstadt.

Bécsy, L. (1977): Daten zur Ökologie und Biologie des Würgfalken (*Falco cherrug*). – Aquila 84: 83–88.

Senn, H. (1980): Ein weiterer Nachweis des Würgfalken (*Falco cherrug*) als Felsbrüter in den Kalkbergen des südlichen Wienerwaldes. – Egretta 23: 1–7.

Švehlik, J. & L. Šimak (1977): Zur Brutbiologie des Sakerfalken in der Ostslowakei. – Falke 24: 159–163.

Warncke, K. (1967): Zur Brutbiologie des Würgfalken (*Falco cherrug*). – Vogelwelt 88: 1–7.

Schlangenadler
Circaëtus gallicus

Länge: um 65 cm
Spannweite: um 180 cm
Gewicht: ♂ im Durchschnitt 1750 g
♀ im Durchschnitt 1860 g

▲ Vorkommen in Mitteleuropa: Nachdem sich sein mitteleuropäisches Brutareal in den vergangenen 100 Jahren sehr stark verkleinert hat, kommt der Schlangenadler heute nur noch im südöstlichen Polen sowie im Osten der Tschechoslowakei und in Ungarn als sehr seltener Brutvogel vor. Ansonsten ist er in Mitteleuropa ein sehr seltener und unregelmäßiger Sommergast, also kaum zu beobachten. Lediglich am Alpennordrand zieht er im Mai/Juni und im Sept./Okt. in sehr geringer Zahl regelmäßig durch. Außerdem hat in der Mark Brandenburg (DDR) 1953, 1969 und 1975 Brutverdacht bestanden.

▲ Kennzeichen: Der fliegende Schlangenadler zeigt lange und breite Flügel, bei denen das Handgelenk oft deutlich vorsteht. Der dicke Kopf, Hals und Vorderbrust sind dunkel, während die Unterseite von Körper und Flügeln sehr hell wirkt, trotz der dort vorhandenen fahlbraunen Fleckenreihen. Auf der Oberseite kontrastieren die dunklen Schwungfedern mit den hellen Flügeldecken, Schultern- und Rückenfedern. Der Schwanz ist etwa so lang wie die Flügel breit sind und weist außer der dunklen Endbinde 2 oder 3 weitere dunkle Querbinden auf. Sehr kennzeichnend ist auch das häufige Rütteln im Jagdgebiet. Aus der Nähe fallen der große Kopf mit den gelben Augen und die unbefiederten Läufe auf.

▲ Stimme: Das Männchen läßt bei der Balz volltönende, zweiteilige „jiiijo"-Rufe hören, oft in langen Reihen, während das Weibchen weniger ruffreudig ist.

▲ Verbreitung: Von Nordwestafrika über Süd- und Osteuropa bis nach Südwestsibirien und über Vorderasien bis nach Indien verbreitet.

▲ Lebensraum: Lichte Wälder und Waldränder mit angrenzenden offenen Flächen, z. B. Moor- und Heidegebiete oder trockene Berghänge, wo es reichlich Schlangen gibt.

Schlangenadler bringt seinem Jungen (ca. 3 Wochen alt) eine erbeutete Eidechse.

Bestand

Bestandsverhältnisse in Europa: Spanien: ca. 3000 Paare; Frankreich (südliche Hälfte): ca. 1000 Paare; Italien: ca. 100 Paare; Jugoslawien: ?, Griechenland: ca. 300 Paare; Bulgarien: bis 100 Paare; Rumänien und Ungarn: jeweils ca. 30 Paare; Tschechoslowakei: wenige Paare; Polen: ca. 30 Paare, europäischer Teil der Sowjetunion: ?.

Bestandsgefährdung: Durch die Intensivierung der Forst- und Landwirtschaft wurde das Nahrungsangebot in vielen Bereichen stark verringert. Wo es noch gut ist, scheinen die Bestände stabil zu sein.

▲ Siedlungsdichte und Reviergröße: In Südfrankreich sind besetzte Horste 2–10 km voneinander entfernt. Das Revier dürfte im Mittel etwa 40 km^2 umfassen. Die Jagdflüge können sich vom Horst aber bis 10 km weit erstrecken.

▲ Jagdweise und Ernährung: Als ausgezeichneter Segelflieger jagt der Schlangenadler im Brutgebiet meist im Schwebeflug oder – bei geringer Thermik – auch im Rüttelflug, wobei er oft die Fänge nach unten hängen läßt. Seine Nahrung besteht hauptsächlich aus Schlangen (vorwiegend Nattern, aber auch Ottern), die er gewandt und vorsichtig erbeutet, denn er ist keineswegs immun gegen Schlangengift. Daneben nimmt er auch Blindschleichen und Eidechsen. Ziemlich selten schlägt er Kleinsäuger oder junge Kleinvögel.

▲ Fortpflanzung: Die Geschlechtsreife wird wahrscheinlich im Alter von 3–4 Jahren erreicht. Die Paare sind sehr reviertreu. Nach der Ankunft am Brutplatz (in Südfrankreich im März) sind sehr ausgeprägte Balzflüge („Girlandenflug") zu beobachten.

Der Horst ist relativ klein und steht normalerweise in der Krone eines Baumes, gelegentlich auch auf einem Krüppelbaum in einer Felswand.

Legebeginn: April/Mai.

Gelegegröße: Nur 1 weißes Ei (74×58 mm; 150 g).

Brutdauer: Auffallend lang, 45–47 Tage. Es brütet hauptsächlich das Weibchen, das vom Männchen gefüttert und beim Brüten nur für kurze Zeit abgelöst wird. Das Junge wird vorwiegend mit Schlangen gefüttert, die von den Eltern meist im Schnabel zugetragen werden.

Nestlingsdauer: 70–80 Tage.

▲ Höchstalter: 17 Jahre (aufgrund von Beringung).

▲ Wanderungen: Ausgeprägter Zugvogel, der den Winter in der Sahelzone Afrikas (südlich der Sahara) verbringt. Wegzug Anfang August bis Ende Oktober. Konzentrationen des Durchzugs bei Gibraltar und am Bosporus mit Höhepunkt Mitte September bis Anfang Oktober. Der Heimzug findet von März bis Mai statt und hat bei Gibraltar seinen Höhepunkt in der zweiten Märzhälfte.

Spezielle Literatur:

BÉCSY, L. (1975): Meine Beobachtungen am Schlangenadler. – Der Falke 22: 114–119.

REICHHOLF, J. (1988): Der Schlangenadler *(Circaëtus gallicus)* in Bayern: Ein seltener, aber regelmäßiger Durchzügler am Alpennordrand. – Anzeiger Orn. Ges. Bayern 27: 115–124.

Kaiseradler
Aquila heliaca

Länge: 79–84 cm
Spannweite: ♂ 185–205 cm, ♀ 200 –220 cm
Gewicht: ♂ im Durchschnitt 2700 g
♀ im Durchschnitt 3500 g

▲ Vorkommen in Mitteleuropa: Nur in der östlichen Tschechoslowakei und im nördlichen Ungarn kommen Kaiseradler als Brutvögel vor. Im übrigen Mitteleuropa ist diese Art ein äußerst seltener Gast, also praktisch nicht zu beobachten.

▲ Kennzeichen: Fast so groß wie ein Steinadler, jedoch mit breiteren Flügeln und kürzerem Schwanz.

Altvögel sind überwiegend schwarzbraun, haben einen gelblichbraunen Hinterkopf und Nacken, helle Schulterfedern sowie einen hellgrauen Schwanz mit breiter dunkler Endbinde.

Der **Spanische Kaiseradler** (*Aquila adalberti*), der neuerdings als selbständige Art betrachtet wird, ist gekennzeichnet durch auffällige weiße Schultern und weißen Vorderrand der Armflügel.

Jungvögel beider Arten sind überwiegend hellbraun mit dunklen Schwingen und Schwanzfedern; nur die drei innersten Handschwingen sind silbergrau. Durch die Mauser der folgenden Jahre wirkt ihr Gefieder scheckig, wird aber zunehmend dunkler. Mit 5 Jahren Alterskleid.

▲ Stimme: Am Brutplatz sind rabenähnliche, bellende „krock-krock-krock“-Rufreihen zu hören, daneben auch einige andere Lautäußerungen.

▲ Verbreitung: Der Spanische Kaiseradler (*Aquila adalberti*) bewohnt ein isoliertes, ziemlich kleines Brutareal auf der Iberischen Halbinsel. Dagegen reicht die Verbreitung des Kaiseradlers von Südosteuropa durch die Steppenzone im Süden der Sowjetunion bis nach Mittelsibirien; er kommt auch in der Türkei und auf Zypern als Brutvogel vor.

Kaiseradler-Weibchen (östliche Form) auf Baumhorst mit Jungvogel (3–4 Wochen alt).

▲ Lebensraum: Steppen und offenes Flachland mit Waldinseln. In der Slowakei und in Ungarn horstet er in größeren Waldkomplexen der Mittelgebirge und fliegt zum Jagen in die offene Landschaft der Umgebung.

▲ Siedlungsdichte und Reviergröße: Benachbarte Paare brüten oft nur wenige Kilometer voneinander entfernt. Jedoch umfaßt der Lebensraum eines Paares etwa 50 km^2.

▲ Jagdweise und Ernährung: Der Kaiseradler jagt entweder aus dem kreisenden Suchflug oder vom Ansitz aus und schlägt seine Beute in der Regel am Erdboden. Hauptnahrung in Südosteuropa sind Ziesel, stellenweise auch Hamster, beim Spanischen Kaiseradler dagegen Kaninchen. Daneben werden auch andere Kleinsäuger bis zu halbwüchsigen Hasen sowie kleine und mittelgroße Vögel, vor allem Jungtiere, erbeutet, gelegentlich Frösche und größere Insekten.

▲ Fortpflanzung: Die Geschlechtsreife wird im Alter von 4 bis 5 Jahren erreicht. Paare halten offenbar lebenslang zusammen – auch im Winterquartier – und sind sehr reviertreu. In Südosteuropa treffen die Paare im März am Brutplatz ein und zeigen eindrucksvolle Balzflüge.

Der Spanische Kaiseradler, der Standvogel ist, beginnt mit der Balz schon im Januar.

Beide Partner bauen den Horst, der stets auf einem Baum steht – mit guter Aussicht – und oft auch im folgenden Jahr wieder besetzt wird.

Legebeginn: In Spanien ab Mitte Februar, in Südosteuropa ab Ende März.

Gelegegröße: Meist 2 oder 3, ausnahmsweise auch 4 Eier (73 × 56 mm, 135 g), die auf weißem Grund spärliche blaßviolette und braune Flecken zeigen.

Legeabstand: 2–3 Tage.

Brutdauer: 43 Tage. Während das Weibchen brütet bzw. die kleinen Jungen hudert, trägt das Männchen Nahrung herbei.

Nestlingsdauer: 65–77 Tage.

Fortpflanzungsrate: Gemäß Untersuchungen an 27 bzw. 22 Bruten in der Slowakei bzw. in Ungarn beträgt die Fortpflanzungsrate 1,6 bzw. 2,4 flügge Junge pro erfolgreicher Brut.

Kaiseradler-Männchen (östliche Form) hat gerade einen frischen Buchenzweig auf den Horst gebracht. Die Jungen sind etwa 6 Wochen alt.

Spanisches Kaiseradler-Paar auf Baumhorst mit Jungen (knapp 2 Wochen alt).

Bestand

Bestandsverhältnisse in Europa: Spanischer Kaiseradler: Nur noch etwa 100 Paare (= Weltbestand), also äußerst gefährdet!
Kaiseradler: Auch sein Bestand in Südosteuropa hat katastrophal abgenommen; Tschechoslowakei: ca. 25 Paare; Ungarn: ca. 16 Paare; Jugoslawien: ca. 12 Paare; Griechenland und Bulgarien: jeweils ca. 10 Paare; Rumänien: ca. 100 Paare (noch?); europäischer Teil der Sowjetunion: wenige hundert Paare mit abnehmender Tendenz.

Bestandsgefährdung: Hauptsächlich durch Kultivierung der Lebensräume (Umbruch der Steppen in Ackerland). Dies hat zu einer starken Verringerung des Nahrungsangebots (z.B. der Ziesel-Bestände in Südosteuropa) geführt.

Junger Kaiseradler (östliche Form) (ca. 6 Wochen alt) im Felsenhorst. Vor ihm liegt ein erbeuteter Ziesel.

In Spanien wurde bei 39 erfolgreichen Bruten eine Fortpflanzungsrate von 1,8 flüggen Jungen festgestellt, wobei in einem Fall sogar 4 Junge zum Ausfliegen gekommen sind.

▲ Höchstalter: In Gefangenschaft 44 Jahre.

▲ Wanderungen: Beim Spanischen Kaiseradler sind die Brutpaare Standvögel, während die Jungen umherstreichen (maximal 160 km durch Beringung nachgewiesen).

In Südosteuropa sind Kaiseradler Zugvögel, deren Winterquartiere in Nordostafrika und Vorderasien liegen, z. T. auch schon im östlichen Balkan und in der Türkei. Der Wegzug findet von Mitte September bis Ende Oktober statt, der Heimzug von Mitte Februar bis Mitte März, bei Jungvögeln bis Anfang April.

Spezielle Literatur:

MEYBURG, B.-U. (1975): On the biology of the Spanish Imperial Eagle (*Aquila heliaca adalberti*). – Ardeola 21: 245–283.

MEYBURG, B.-U. (1987): Clutch size, nestling aggression and breeding success of the Spanish Imperial Eagle. – Brit. Birds 80: 308–320.

ŠVEHLIK, J. & B.-U. MEYBURG (1979): Gelegegröße und Bruterfolg des Schreiadlers (*Aquila pomarina*) und des Kaiseradlers (*Aquila heliaca*) in den ostslowakischen Karpaten 1966–1978. – Journal für Ornithologie 120: 406–415.

Schelladler
Aquila clanga

Länge: um 70 cm
Spannweite: ♂ 160–175 cm, ♀ 170–185 cm
Gewicht: ♂ im Durchschnitt 1700 g
♀ im Durchschnitt 2300 g

▲ Vorkommen in Mitteleuropa: Nur im östlichen Polen als sehr seltener Brutvogel vorkommend. Ansonsten in Mitteleuropa ein sehr seltener Gast, der nur ganz ausnahmsweise auf dem Durchzug zu beobachten ist.
▲ Kennzeichen: Vom sehr ähnlichen Schreiadler oft nicht sicher zu unterscheiden, zumal Schelladler nur wenig größer sind.
Altvögel erkennt man am ehesten an der sehr dunklen Färbung, die fast einheitlich dunkelbraun ist und auf Distanz beinahe schwarz wirkt. (Schreiadler sind deutlich heller.)
Bei den ebenfalls dunkelbraunen Jungvögeln bilden die weißen Spitzen der Flügeldecken auf der Oberseite meist zwei oder drei helle Bänder (bei jungen Schreiadlern dagegen nur ein helles Band).
▲ Stimme: Am Brutplatz helle, kläffende „kjäk-kjäk"-Rufe.
▲ Verbreitung: Von Osteuropa in ei-

Bestand

Bestandsverhältnisse in Europa: In Polen (Randbereiche im Nordosten und Osten des Landes) schätzungsweise 15–30 Paare; im nördlichen Rumänien 5 Paare; im südlichen Finnland 2 Paare. Der Bestand in der europäischen Sowjetunion wird auf 1000–1500 Paare geschätzt.

Bestandsgefährdung: Durch nachteilige Veränderung der Brutbiotope.

nem breiten Gürtel quer durch die Sowjetunion bis zum Stillen Ozean. Außerdem gibt es ein isoliertes Brutgebiet im nordwestlichen Indien.

▲ Lebensraum: Bevorzugt große Wälder im Tiefland, die von Teichen und Seen, Wiesen und Heideflächen durchsetzt sind. Das Vorhandensein von Gewässern scheint eine wichtige Voraussetzung zu sein.

▲ Siedlungsdichte und Reviergröße: Die Siedlungsdichte ist viel geringer als beim Schreiadler; über die Reviergröße ist nichts bekannt.

▲ Jagdweise und Ernährung: Meist wird die Ansitzjagd betrieben, daneben auch kreisender Suchflug und Jagd zu Fuß. Die Hauptnahrung bilden Kleinsäuger (z. B. Wasserratten, Wühlmäuse, Ziesel) und mittelgroße Vögel, vor allem Wasservögel, insbesondere noch nicht flugfähige Jungtiere. In geringem Umfang werden auch Reptilien und Amphibien erbeutet.

▲ Fortpflanzung: Brutreife wahrscheinlich mit 4 Jahren. Nach der Ankunft im Brutrevier zeigt das Paar auffällige Balzflüge, begleitet von häufigem Rufen.

Baut seinen Horst auf einem Baum, sofern nicht ein bereits vorhandener Horst angenommen wird.

Legebeginn: Anfang Mai.

Gelegegröße: 1–3, meist 2 Eier (68 × 54 mm; 106 g), die auf weißem Grund nur blaß gefleckt sind.

Legeabstand: 3–4 Tage. Weibchen brütet ab 1. Ei, so daß die Jungen ebenfalls im Abstand von 3–4 Tagen schlüpfen.

Brutdauer: 42-44 Tage.

Nestlingsdauer: 60–65 Tage. Im Unterschied zum Schreiadler kommen nicht selten 2 Junge zum Ausfliegen. Nach weiteren 25–30 Tagen sind die Jungen selbständig.

▲ Höchstalter: ?

▲ Wanderungen: Zugvogel, aber nicht so ausgeprägt wie der Schreiadler. Einzelne Schelladler überwintern im Westen der Türkei sowie in Südeuropa, die Masse jedoch in Nordostafrika und Vorderasien. Abzug aus dem Brutgebiet: September/Oktober; Rückkehr: Ende März bis Ende April.

Spezielle Literatur:

WENDLAND, V. (1959): Schreiadler und Schelladler. Neue Brehmbücherei, Band 236. – A. Ziemsen Verlag, Wittenberg Lutherstadt.

Schelladler (immaturer Vogel).

Seite 150: Schelladler am Horst mit Jungvogel (ca. 2 Wochen alt).

Zwergadler
Hieraaëtus pennatus

Länge: um 52 cm
Spannweite: um 120 cm
Gewicht: ♂ ca. 700 g
♀ ca. 960 g

▲ Vorkommen in Mitteleuropa: Nur in einem Randbereich im Südosten (Ostpolen, Slowakei und Ungarn) kommt der Zwergadler als sehr seltener Brutvogel mit jeweils 5–10 Paaren vor. Ansonsten ist er in Mitteleuropa ein äußerst seltener Gast und praktisch nicht zu beobachten.

▲ Kennzeichen: Der kleinste Adler Europas, nur knapp so groß wie ein Mäusebussard, hat jedoch schlankere Flügel und einen deutlich längeren Schwanz. Die bis zu den Zehen befiederten Läufe und die stärkeren Fänge weisen ihn als echten Adler aus. Er ist sehr fluggewandt, auch im Wald. Beim kreisenden Segelflug zeigt er eine starke Fingerung der äußeren Handschwingen und ein sehr typisches helles Feld auf den drei innersten Handschwingen.
In der Gefiederfärbung gibt es eine helle und eine dunkle Phase; die helle kommt in Europa viel häufiger vor als die dunkle. Die helle Phase ist oberseits bräunlich, unterseits gelblichweiß; im Flugbild zeigt sie – von unten gesehen – einen starken Kontrast zwischen dem Schwarz der Schwingen und dem Weiß des Körpers und der Unterflügeldecken. Die dunkle Phase ist ober- und unterseits fast einheitlich dunkelbraun.

▲ Stimme: Am Brutplatz sehr ruffreudig mit melodischen „jüg-jüg-jüg"-Rufreihen, die in einen Triller übergehen können.

▲ Verbreitung: Von Nordwestafrika, wo er in Marokko, Algerien und Tunesien noch relativ häufig sein soll, ist der Zwergadler über Südeuropa (ausgenommen Italien), Südosteuropa und die Türkei bis nach Zentralasien verbreitet. Außerdem gibt es ein isoliertes Brutvorkommen (mehr als 100 Paare) in der Kap-Provinz Südafrikas.

▲ Lebensraum: Abwechslungsreiche Landschaften mit alten Waldbeständen, in denen er horsten kann, und mit angrenzenden offenen oder mit Gebüsch bestandenen Flächen, auf denen er jagen kann. Bevorzugter Brutplatz ist ein alter Laubwald an einem Berghang in einer warmen und trockenen Gegend.

▲ Siedlungsdichte und Reviergröße: Im französischen Departement Gers

Zwergadler-Weibchen bewacht sein Junges (ca. 3 Wochen alt).

Zwergadler-Paar am Horst. Das Männchen (rechts) hat dem Weibchen (links) gerade eine Smaragdeidechse übergeben.

Bestand

Bestandsverhältnisse in Europa: Einen noch sehr guten und stabilen Bestand von etwa 9000 Paaren beherbergt Spanien. In Frankreich (nordwärts bis Lothringen) leben etwa 200 Paare. Spärlich sind die Bestände in Jugoslawien und Rumänien, während in Bulgarien bis 100 Paare und in Griechenland noch etwa 250 Paare leben sollen.
Über die Bestandsverhältnisse im Südwesten des europäischen Teils der Sowjetunion liegen keine Zahlen vor.

Bestandsgefährdung: In den meisten europäischen Brutgebieten scheinen die Bestände einigermaßen stabil zu sein. Doch können dort, wo die Populationen so klein sind wie in den Ländern Südosteuropas, allein schon die Lebensraum-Veränderungen, z.B. durch Fällen von Altholzbeständen, eine Bestandsgefährdung bewirken.

Zwergadler (helle Phase) im Flug.

brüteten 3 Paare an einem bewaldeten Höhenzug auf einer Strecke von 1250 m.

▲ Jagdweise und Ernährung: Sehr wendiger und vielseitiger Jäger, der entweder aus großer Höhe mit angelegten Schwingen auf ein Beutetier herabstürzt oder aus niedrigem Suchflug zustößt oder Vögel nach Habichtart im flachen Flug über dem Erdboden schlägt. Seine Beutetiere sind kleine bis mittelgroße Vögel, Kleinsäuger und Reptilien, gelegentlich auch Insekten. In Spanien schlägt er vor allem große Eidechsen, junge Kaninchen und Rothühner.

▲ Fortpflanzung: Alter der Geschlechtsreife bisher unbekannt. Die Paare sind brutplatztreu und halten offenbar lebenslang zusammen. Nach der Ankunft im Brutrevier (Mitte April) zeigen sie ausgeprägte Balzflüge mit Herabstürzen und Aufsteilen, begleitet von häufigem Rufen. Die Horste stehen meist auf Bäumen; oft werden alte Nester anderer Greifvögel besetzt und ausgebaut sowie mit grünen Zweigen belegt.

Legebeginn: Anfang Mai.

Gelegegröße: Meist 2 Eier (54 × 44 mm; 58 g), die oft einfarbig weiß, mitunter blaß rotbraun gefleckt sind.

Legeabstand: 2–4 Tage.

Brutdauer: 36–38 Tage; es brütet fast ausschließlich das Weibchen.

Nestlingsdauer: 50–55 Tage. Nach dem Ausfliegen sind die Jungen noch einige Wochen von den Eltern abhängig, brechen jedoch schon etwa 2 Wochen vor diesen ins Winterquartier auf.

▲ Höchstalter: 12 Jahre in Gefangenschaft.

▲ Wanderungen: Ausgeprägter Zugvogel. Europäische Zwergadler überwintern in Afrika südlich der Sahara, vor allem in Savannen und Waldsteppen. Bei Gibraltar und am Bosporus (sowie am Kaukasus) sind starke Konzentrationen von Durchzüglern zu beobachten, wobei der Wegzug Mitte September seinen Höhepunkt erreicht, der Heimzug Ende März/Anfang April.

Spezielle Literatur:

DANKO, S. (1970): Der Zwergadler – *Hieraaëtus pennatus,* ein seltener Brutvogel der Ost-Slowakei. – Berliner Naturschutzblätter 14 (40): 386–394.

Gänsegeier
Gyps fulvus

Länge: ca. 100 cm
Spannweite: ca. 270 cm
Gewicht: 6200–8500 g

▲ Vorkommen in Mitteleuropa: Im Bereich der österreichischen Zentralalpen (Hohe Tauern) ist der Gänsegeier regelmäßiger Sommergast (von Mai bis September) mit neuerdings ca. 80 größtenteils jüngeren Tieren, die aus Dalmatien zuwandern. Sie ernähren sich hauptsächlich von Kadavern der vielen Schafe und Jungrinder, die dort während des Sommerhalbjahres auf den besonders hoch gelegenen Almen weiden. Außerdem gibt es beim Salzburger Zoo etwa 200 freifliegende Gänsegeier, von denen mindestens 1 Paar am nahegelegenen Untersberg (Bayern) erfolgreich gebrütet hat.

▲ Kennzeichen: Deutlich größer als ein Steinadler. Das Flugbild des Gänsegeiers zeigt lange, sehr breite Flügel mit geschwungenem Hinterrand und tief eingeschnittenen Handschwingen sowie einen kurzen Schwanz. Ober- und Unterseite der Flügel sind gekennzeichnet durch den Kontrast zwischen den schwarzen Schwungfedern und den hellen Flügeldecken. (Demgegenüber hat der Mönchsgeier einheitlich dunkle Flügel). Beim Kreisen hält der Gänsegeier die Flügel leicht angehoben (der Mönchsgeier dagegen waagerecht). Aus der Nähe fallen der weißlich bedunte Kopf, der lange Hals und die weiße Halskrause auf. Bei Jungvögeln ist die Halskrause hell rostbraun.

▲ Stimme: Vor allem am gemeinsamen Schlafplatz und am Fraßplatz (Kadaver) sind bei Streitigkeiten keckernde und kreischende Laute zu hören.

▲ Verbreitung: Von Südeuropa und Nordafrika ostwärts über Vorderasien bis zur Mongolei und nach Nordindien.

▲ Lebensraum: Da Gänsegeier Felsbrüter sind und als Segelflieger sehr abhängig von Thermik-Aufwinden, bevorzugen sie Landschaften mit großen Reliefunterschieden, vor allem Trockengebiete mit Felswänden und Ebenen, in denen gleichzeitig ein hohes Nahrungsangebot in Form von Kadavern gewährleistet ist.

▲ Siedlungsdichte und Reviergröße: Der Gänsegeier ist stets sehr gesellig, hat Gemeinschaftsschlafplätze und brütet an günstigen Felswänden in Kolonien, die in Spanien bis zu 100 Brutpaare umfassen können. Auf den Kvarner Inseln beträgt der Abstand zwischen 6 gleichzeitig bewohnten Nestern durchschnittlich 35 m. Von einer Brutkolonie aus erstrecken sich die Nahrungsflüge bis 60 km weit. Die große Geselligkeit und die fehlende Territorialität sind wichtige Anpassungen, um ein möglichst großes Nahrungsgebiet kontrollieren zu können.

▲ Jagdweise und Ernährung: Als Nahrung dienen ausschließlich tote Tiere, vor allem mittelgroße und große Säugetiere, auch wenn sie bereits in Verwesung übergegangen sind. Hat ein Geier einen Kadaver entdeckt und angeflogen, so kommen bald weitere Geier hinzu. Aber es können viele Stunden vergehen, bis der Kadaver angenommen wird. Bei Beginn der Mahlzeit baut sich in der versammelten Geierschar eine Sozialhierarchie auf, wobei die Dominanz einzelner Vögel offenbar durch den Hunger bzw. Freßtrieb bestimmt wird. Entsprechend intensiv sind die aggressiven und drohenden Ausdrucksbewegungen und Lautäußerungen. Ein dominanter Geier schneidet den Kadaver an, indem er die Bauchdecke aufreißt und die Eingeweide herausholt. Gleichzeitig hält er die wartenden Artgenossen durch drohendes Imponierverhalten zurück. Erst nach und nach wagen sie sich heran, weil die Aggressivität bei satten Vögeln schwindet, bei hungrigen aber zunimmt. Es werden nur Eingeweide

Gänsegeier am Brutplatz.

Bestand

Bestandsverhältnisse in Europa: Spanien beherbergt mit etwa 3200 Brutpaaren bzw. rund 9000 Individuen das Gros des europäischen Bestandes. In Frankreich leben noch etwa 110 Paare in den Pyrenäen (dazu erfolgreiche Wiedereinbürgerung in den Cevennen); in Italien nur noch 20–30 Paare auf Sardinien; in Jugoslawien etwa 200 Paare (davon ca. 110 Paare auf den Kvarner Inseln/Dalmatien); in Griechenland etwa 400 Paare (davon über 200 Paare auf Kreta).

Bestandsgefährdung: Der starke Rückgang ist auf die Verschlechterung der Lebensbedingungen, vor allem auf die drastische Verringerung der Nahrungsquellen zurückzuführen, weil beim Weidevieh im Rahmen moderner Landwirtschaft und Hygiene weniger Kadaver anfallen. Daneben haben auch direkte Verfolgungen durch Abschüsse und das Auslegen von Giftködern (die meistens für Wölfe und Füchse bestimmt waren) starke Bestandsverminderungen bzw. in manchen Ländern die totale Ausrottung bewirkt. Als positiv ist anzumerken, daß der Gänsegeier heute in allen Ländern Südeuropas unter Schutz steht und auch aktive Maßnahmen zu seiner Erhaltung durchgeführt werden.

und Muskelfleisch gefressen, nicht dagegen Haut, Sehnen und Knochen. Ein toter Stier wurde von etwa 70 Geiern in 3,5 Stunden in ein Skelett verwandelt.

▲ Fortpflanzung: Geschlechtsreife mit 5 Jahren. Paare leben in Dauerehe. Balz bereits ab Dezember.

Meist Koloniebrüter in Felswänden (s. o.). Das Nest wird in einer offenen Höhlung oder Nische oder auf einem meist überdachten Felsband aus dünnen Zweigen gebaut, die Mulde oft mit Grün ausgelegt.

Legebeginn: Januar/Februar.

Gelegegröße: 1 Ei (92×70 mm; 252 g), das meist einfarbig weiß ist, seltener kleine rostfarbene Flecken aufweist.

Brutdauer: 48 bis 54 Tage; beide Partner wechseln sich beim Brüten ab, ebenso bei der Fütterung des Jungen mit unverdautem Futterbrei aus dem Kropf.

Nestlingsdauer: 120–130 Tage. Nach dem Ausfliegen ist der Jungvogel noch einige Wochen von den Eltern abhängig, bis er im September das Brutgebiet verläßt.

Links: Gänsegeier im Flug (von oben).

Gänsegeier im Flug (von unten).

▲ Höchstalter: 55 Jahre in Gefangenschaft.
▲ Wanderungen: Altvögel sind meist Standvögel, während Jungvögel und noch nicht geschlechtsreife Tiere weiter umherstreifen und z.T. den Winter in Nordafrika verbringen.

Spezielle Literatur:

KÖNIG, C. (1981): Zum Verhalten des Gänsegeiers (*Gyps fulvus*), unter besonderer Berücksichtigung des Sozialverhaltens am Futterplatz. – Nationalpark Berchtesgaden, Forschungsbericht 3: 32–35.

PERCO, F. & S. TOSO (1981): Die Gänsegeier (*Gyps fulvus*) auf den Kvarner Inseln. – Nationalpark Berchtesgaden, Forschungsbericht 3: 36–37.

Gerfalke
Falco rusticolus

Länge: 50–60 cm
Spannweite: ♂ 110–120 cm, ♀ 120–130 cm
Gewicht (nordeuropäische Vögel):
♂ im Durchschnitt 1070 g,
♀ im Durchschnitt 1710 g

▲ Vorkommen in Mitteleuropa: Dieser größte Falke verstreicht aus seinen nordeuropäischen Brutgebieten nur sehr selten und unregelmäßig bis nach Mitteleuropa. Er ist hier im Herbst und Winter nur ausnahmsweise zu beobachten, am ehesten in den Küstenbereichen Schleswig-Holsteins und Mecklenburgs.

▲ Kennzeichen: Im Flug ist der Gerfalke an der deutlich größeren Gestalt, den breiteren, nicht ganz so spitzen Flügeln und dem längeren Schwanz recht gut vom Wanderfalken zu unterscheiden. Die Färbung des Gefieders variiert von graubraun und grau in der Subarktis bis fast einfarbig schneeweiß in hocharktischen Gebieten (z. B. im nördlichen Grönland). Der Backenstreif ist sehr schmal bzw. fehlt bei den weißen Vögeln.

Bei nordeuropäischen Gerfalken haben Altvögel eine graue Oberseite mit dunkler Querbänderung, während die weißliche Unterseite mehr oder weniger von dunklen Flecken bedeckt ist. Jungvögel sind oberseits einfarbig graubraun, unterseits auf hellem Grund dunkel längsgefleckt.

▲ Stimme: Am Brutplatz und bei Erregung ziemlich tiefe und rauhe „kjak-kjak-kjak"-Rufreihen.

▲ Verbreitung: In den arktischen Gebieten Eurasiens und Nordamerikas zirkumpolar verbreitet.

▲ Lebensraum: Braucht offene Landschaften zum Jagen und Felsen zum Brüten. Deshalb bevorzugt er in der arktischen Tundra die weiten Flußtäler mit Felsen an den Hängen. Ebenso lebt er an Felsküsten, besonders in der Nähe von Seevogelkolonien. In Skandinavien bewohnt er auch die Fjällgebiete oberhalb der Baumgrenze und brütet in Felswänden der Taleinschnitte.

▲ Siedlungsdichte und Reviergröße: Generell schwanken der Brutbestand und die Siedlungsdichte des Gerfalken sehr stark in Abhängigkeit von den zyklischen Bestandsschwankungen seiner Hauptbeutetiere (Schnee-

Gerfalke (helle Phase).

hühner). Auf Kontrollflächen in Island brütete in Jahren mit geringer Schneehuhndichte kein einziges Gerfalkenpaar, während in einem sehr guten Schneehuhnjahr 7 Gerfalken-Brutpaare auf einer Fläche von 440 km^2 festgestellt wurden. Somit entfielen nur 63 km^2 auf 1 Paar; jedoch sind die Jagdreviere normalerweise erheblich größer, nämlich rund 300 km^2.

▲ Jagdweise und Ernährung: Der Gerfalke übertrifft alle anderen Falken an Schnelligkeit und Wendigkeit. Er ist ein äußerst vielseitiger Jäger, der seine Beute sowohl in der Luft als auch am Boden schlagen kann. Dicht über den Boden hinwegjagend erfaßt er ein Beutetier und reißt es mit sich. Obwohl fast alle in seinem Lebensraum vorkommenden Arten von Vögeln und kleineren Säugern von ihm erbeutet werden können, ist der Gerfalke während der Brut und Jungenaufzucht oft fast ausschließlich auf Schneehühner spezialisiert, die dann ca. 90% der Nahrung bilden. Dies ergaben Untersuchungen sowohl in Norwegen als auch in Island. Lediglich im Gebiet des Myvatn (Island) wurden in stärkerem Maße Enten erbeutet.

▲ Fortpflanzung: Brutreife wohl meist im Alter von 2 Jahren. Die Brutpaare sind reviertreu und halten lebenslang zusammen. Die Balz beginnt schon im Februar.

Der Brutplatz befindet sich meist in einer steilen Felswand an einer vor Wind und Wetter geschützten Stelle, in einer Höhlung oder einer Nische unter einem Überhang. Es wird kein Horst gebaut, aber oft ein alter Kolkraben- oder Rauhfußbussardhorst in einer überdachten Felsnische besetzt. In der Waldtundra werden auch Baumhorste angenommen.

Legebeginn: In Europa ab 1. Aprilhälfte, also relativ früh.

Gelegegröße: Meist 3–4 Eier (59 × 46 mm; 69 g), die auf hellgelbem Grund dicht und fein hellrötlichbraun gefleckt sind.

Legeabstand: 2–3 Tage.

Brutdauer: 30–36 Tage. Es brütet hauptsächlich das Weibchen, das auch die kleinen Jungen hudert bzw. bewacht, während das Männchen Beute herbeiträgt.

Nestlingsdauer: 46–49 Tage. Nach dem Ausfliegen werden die Jungen noch etwa 4 Wochen von den Eltern mit Beute versorgt, bis sie selbständig sind.

Fortpflanzungsrate: Im Durchschnitt 2, 3 Junge pro erfolgreicher Brut.

Bestand

Bestandsverhältnisse in Europa: Der Gerfalke ist in Nordeuropa aufgrund neuerer Untersuchungen doch nicht ganz so selten, wie früher angenommen wurde. Island: ca. 300 Paare; Norwegen: mindestens 200 Paare; Schweden: ca. 100 Paare; Finnland: ca. 30 Paare; europäischer Teil der Sowjetunion: schätzungsweise einige hundert Paare.

Der Gesamtbestand in Europa dürfte also etwa 1000 Paare umfassen.

Bestandsgefährdung: Früher vor allem durch Horstplünderungen. Heute scheinen die Bestände dank entsprechender Schutzmaßnahmen einigermaßen stabil zu sein.

▲ Höchstalter: In Gefangenschaft mindestens 19 Jahre.

▲ Wanderungen: In Island und in Skandinavien bleiben Altvögel meist während des ganzen Jahres im Brutgebiet und dessen Umgebung, während die Jungvögel weiter umherstreichen. Nordrussische (und sibirische) Gerfalken sind dagegen Zugvögel, die – ebenso wie ihre Hauptbeutetiere, die Schneehühner – aus der Tundra zum Überwintern in die Taiga- und Waldsteppenzone fliegen, also 1000 bis 2000 km weit nach Süden.

Gerfalke (graue Phase) am Horst mit Jungen (1–2 Wochen alt).

Spezielle Literatur:

BENGTSON, S.-A. (1971): Hunting methods and choice of prey of Gyrfalcons *Falco rusticolus* at Myvatn in northern Iceland. – Ibis 113: 468–476.

DEMENTIEW, G. P. (1960): Der Gerfalke. – Neue Brehmbücherei, Band 264. – A. Ziemsen Verlag, Wittenberg Lutherstadt.

HAGEN, Y. (1952): The Gyr-Falcon (*Falco r. rusticolus L.*) in Dovre, Norway. – Norske Videnskaps-Akademi Oslo.

WAYRE, P. & JOLLY, G. F. (1958): Notes on the breeding of the Iceland Gyr Falcon. – Brit. Birds 51: 285–290.

Steppenweihe
Circus macrourus

Länge: 43–48 cm
Spannweite: 105–120 cm
Gewicht: ♂ ca. 330 g
♀ ca. 440 g

▲ Vorkommen in Mitteleuropa: Als Brutvogel der Steppengebiete im Süden der europäischen Sowjetunion – und weiter östlich – erscheint die Steppenweihe nur als äußerst seltener und unregelmäßiger Gast in Mitteleuropa. In manchen Jahren kann es jedoch (vermutlich durch Zugverlängerung) zu stärkeren Einflügen und ausnahmsweise sogar zu Bruten kommen. So haben im Jahr 1952 auf der Insel Norderney (BRD) 1 Paar, in Mecklenburg (DDR) 2 Paare und auf den schwedischen Inseln Öland und Gotland 6 Paare gebrütet. Es hat auch schon einzelne Beobachtungen im Herbst und Winter gegeben.

▲ Kennzeichen: Im Gelände ist die Steppenweihe nur schwer von Korn- und Wiesenweihe zu unterscheiden. Vor allem die Weibchen und Jungvögel dieser 3 Weihenarten sind sich so ähnlich, daß eine sichere Artbestimmung oft nicht möglich ist.

Lediglich alte Steppenweihen-Männchen sind an folgenden Merkmalen zu erkennen: bis auf die schwarzen Flügelspitzen unterseits reinweiß, oberseits hellgrau; also insgesamt heller und mit deutlich schlankeren, spitzeren Flügeln als das sonst sehr ähnliche alte Kornweihen-Männchen, von dem es sich übrigens auch durch das Fehlen des weißen Bürzels unterscheidet.

Weibchen und Jungvögel sind am hellen Halsring zu erkennen, der aber nur unter günstigen Beobachtungsbedingungen zu sehen ist.

Steppenweihen-Männchen im Alterskleid.

▲ Stimme: Am Brutplatz charakteristische Warnlaute „gigigig-kirrrk". Der Bettelruf des Weibchens ist ein helles, lautes „zieh".

▲ Verbreitung: Von der Ukraine und Weißrußland ostwärts durch die Sowjetunion bis zum Jenissei und nach Nordwest-China.

▲ Lebensraum: Steppen und andere offene Landschaften, die auch von der Wiesenweihe bevorzugt werden. Beide Weihenarten können in enger Nachbarschaft brüten.

▲ Siedlungsdichte und Reviergröße: Die Horste der beiden Paare, die 1952 am Conventer See (Mecklenburg) brüteten, hatten einen Abstand von knapp 100 m.

▲ Jagdweise und Ernährung: Ganz ähnlich wie bei den anderen Weihenarten. Jagt im Suchflug mit Überraschungsangriffen. Im Brutgebiet werden hauptsächlich Kleinsäuger (vor allem Wühlmäuse und Steppenlemminge) sowie Vögel (vor allem Lerchen, Pieper und kleine Jungvögel) erbeutet, während Reptilien und Insekten nur eine untergeordnete Rolle spielen.

▲ Fortpflanzung: Geschlechtsreife meist erst mit 2 oder 3 Jahren. Im Gegensatz zu anderen Weihen findet die Paarbildung bereits im Winterquartier statt, so daß Steppenweihen verpaart im Brutgebiet eintreffen (im April). Dort führen sie gemeinsame Balzflüge aus bis zur Eiablage, danach balzt das Männchen allein weiter. Der Horst wird von beiden Partnern am Boden gebaut, meist in der Nähe von Wasser, aber an einer trockenen Stelle und in der Deckung von entsprechend hoher Vegetation.

Legebeginn: Anfang Mai.

Gelegegröße: 3 bis 5 weiße Eier (43 × 34 mm; 28 g).

Brutdauer: Etwa 30 Tage. Das Weibchen brütet allein und hudert die kleinen Jungen, bis sie knapp 2 Wochen alt sind.

Nestlingsdauer: 40 bis 45 Tage. Nach dem Ausfliegen der Jungen bleibt die Familie noch knapp 3 Wochen beisammen.

▲ Höchstalter: 12 Jahre (aufgrund von Beringung).

▲ Wanderungen: Zugvogel, dessen Winterquartiere in offenen Landschaften in Südasien und in Afrika südlich der Sahara liegen. Der Wegzug beginnt Ende August. Im östlichen Mittelmeerraum liegt der Durchzugsgipfel im Herbst zwischen Mitte September und Anfang Oktober, im Frühjahr zwischen Mitte März und Mitte April.

Spezielle Literatur:

SCHEVEN, J. (1953): Über ein Brutvorkommen von Steppenweihen am Conventer See bei Doberan (Mecklb.) 1952. – Journal für Ornithologie 94: 290–299.

Bestand

Bestandsverhältnisse in Europa: Unklar, da aus dem europäischen Teil der Sowjetunion keine Zahlen vorliegen. Es soll auch noch wenige Paare im östlichen Rumänien geben und möglicherweise sporadisches Brutvorkommen im Nordosten Bulgariens.

Bestandsgefährdung: Durch Kultivierung der Steppengebiete.

Habichtsadler
Hieraaëtus fasciatus

Länge: 66–74 cm
Spannweite: ♂ 150–160 cm, ♀ 165–180 cm
Gewicht: ♂ ca. 1600 g
♀ ca. 2000 g

▲ Vorkommen in Mitteleuropa: Aus seinen südeuropäischen Brutgebieten verstreicht der Habichtsadler nur ausnahmsweise bis nach Mitteleuropa; er ist hier ein äußerst seltener Gast, also praktisch nicht zu beobachten.
▲ Kennzeichen: Im Flugbild ähnlich dem Wespenbussard, aber deutlich größer und mit stärker gefingerten Handschwingen. Bei Altvögeln zieht sich quer über die Flügelunterseite ein breites dunkles Band, das mit dem hellen Körper kontrastiert. Auf der dunkelbraunen Oberseite ist ein helles Feld auf dem Rücken sehr kennzeichnend. Der lange hellgraue Schwanz hat eine breite schwarze Endbinde. Jungvögel im ersten Jahr sind oberseits einheitlich dunkel, unterseits rostbraun bis auf die schwarzen Flügelspitzen. Anschließend wirkt das Gefieder scheckig und ist erst bei Dreijährigen ausgefärbt.
▲ Stimme: Bei Balzflügen und am Brutplatz, z. B. bei Beuteübergabe sind „jiöh“-Rufe und hohe „jibjibjib“-Rufreihen zu hören.
▲ Verbreitung: Von Nordafrika und dem Mittelmeerraum über Vorderasien bis nach Indien und Süd-China. Die in Ost- und Südafrika lebende Rasse *H. f. spilogaster* wird auch als eigene Art betrachtet.
▲ Lebensraum: Offene, wenig bewaldete Regionen in hügeligem oder gebirgigem Gelände mit Felswänden. Außerhalb der Brutzeit gern in Feuchtgebieten mit hohem Nahrungsangebot in Form von Wasservögeln.
▲ Siedlungsdichte und Reviergröße: In Südfrankreich umfaßt das Jagdgebiet eines Paares durchschnittlich 31 km^2.

Habichtsadler-Paar an seinem Rastplatz.

Bestand

Bestandsverhältnisse in Europa: In Spanien 600–700 Paare; in Portugal 50–70 Paare; in Südfrankreich 30–50 Paare; in Italien 20–30 Paare, hauptsächlich auf Sardinien (10–20 Paare) und Sizilien (ca. 10 Paare); in Griechenland ca. 60 Paare, vor allem auf Kreta (10–15 Paare) und auf den größeren Ägäischen Inseln. Der europäische Gesamtbestand umfaßt also nur etwa 840 Paare.

Bestandsgefährdung: Die starke Verfolgung in den vergangenen Jahrzehnten hat fast überall die Bestände erheblich reduziert. Trotz des gesetzlichen Schutzes kommen auch heute noch illegale Abschüsse vor. Daneben sind Horstplünderungen und Störungen der Bruten sowie möglicherweise auch Nahrungsmangel (z.B. infolge der Myxomatose bei Kaninchen) als Rückgangsursachen zu nennen.

Habichtsadler auffliegend.

▲ Jagdweise und Ernährung: Aus kreisendem Flug in großer Höhe stößt er mit angelegten Schwingen rasant auf ein entdecktes Beutetier herab, betreibt aber auch Suchflug dicht an Felswänden entlang sowie Ansitzjagd. Die Partner eines Paares jagen oft gemeinsam. Beutetiere sind hauptsächlich Kaninchen, Rothühner und Dohlen, daneben Junghasen und Ratten, Tauben und viele andere mittelgroße Vogelarten sowie Eidechsen, die entweder durch schnelles Zustoßen am Boden oder nach Falkenart in der Luft geschlagen werden, sofern es sich um fliegende Vögel handelt.

▲ Fortpflanzung: In welchem Alter die Geschlechtsreife erreicht wird, ist noch nicht bekannt. Die Paare leben wahrscheinlich in Dauerehe. Schon ab November/Dezember beginnt die Balz mit Schauflügen im Horstgebiet, wobei die Vögel mit angelegten Schwingen steil herabstürzen und anschließend wieder aufsteigen.

Habichtsadler-Weibchen am Horst.

Habichtsadler im Flug (von unten).

Habichtsadler im Segelflug (von oben) über seinem Jagdgebiet.

Der Horst wird gern im oberen Bereich von steilen Felswänden (an Berghängen oder in Schluchten) angelegt, meist in einer Nische, und kann bei mehrmaliger Benutzung ein großer Bau aus Ästen und Zweigen sein. Oft hat ein Paar mehrere Wechselhorste.

Legebeginn: Februar/März.

Gelegegröße: Meist 2 Eier (69 × 54 mm; 112 g), die entweder einfarbig weiß oder gelblichbraun gefleckt sind.

Legeabstand: 2 Tage.

Brutdauer: 37–40 Tage. In der Hauptsache brütet das Weibchen, das auch die Jungen hudert und füttert, während das Männchen die Nahrung beschafft.

Nestlingsdauer: 60–65 Tage. Die ausgeflogenen Jungen werden noch einige Wochen von den Eltern versorgt.

▲ Höchstalter: 18 Jahre in Gefangenschaft.

▲ Wanderungen: Stand- und Strichvogel; vor allem die Jungvögel streichen weiter umher.

Spezielle Literatur:

CHEYLAN, G. (1972): Alauda 40: 214–234; ders. (1977): Alauda 45: 1–15; ders. (1981): Ann. CROP 1: 95–99.

Schmutzgeier
Neophron percnopterus

Länge: um 62 cm
Spannweite: um 150 cm
Gewicht: 2000–2400 g

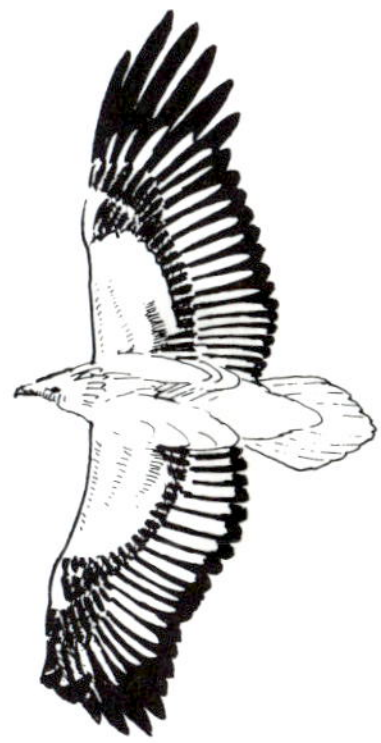

▲ Vorkommen in Mitteleuropa: Diese kleinste Art der 4 europäischen Geier kommt in Mitteleuropa nur ganz ausnahmsweise als sehr seltener Gast vor und ist hier praktisch nicht zu beobachten. Die Iberische Halbinsel bildet den Schwerpunkt des europäischen Brutvorkommens, während in allen anderen Ländern Südeuropas nur noch geringe Restbestände leben.

▲ Kennzeichen: Ausgefärbte Altvögel sind auch im Flug leicht zu bestimmen: Kopf und Körper sowie Schwanz und Flügeldecken sind weiß, die Schwungfedern dagegen schwarz (vor allem unterseits; oberseits weniger). Wichtige Merkmale im Flugbild sind außerdem: der Kopf mit dem langen, dünnen Schnabel ragt spitz hervor, der Schwanz ist keilförmig und recht kurz, während die Flügel lang und ziemlich breit sind. Aus der Nähe fällt das nackte gelbe Gesicht auf sowie das struppige Gefieder am Hinterkopf. Jungvögel sind dunkler gefärbt, können aber anhand der o.g. Merkmale ebenfalls erkannt werden.

▲ Stimme: Selten zu hören; bei Erregung miauende, zischende oder grunzende Laute.

▲ Verbreitung: Mittelmeerraum und Schwarzmeergebiet, Nord- und Ostafrika sowie Südwestasien und Indien.

▲ Lebensraum: Offene Landschaft, kahle Berghänge mit Felswänden und Flußtäler mit felsigen Ufern, häufig in der Nähe von menschlichen Siedlungen.

▲ Siedlungsdichte und Reviergröße: Die Paare brüten in Südeuropa meist einzeln, mindestens 1,5 km von Nachbarn entfernt, während andernorts auch kolonieartiges Brüten vorkommt. Das Nahrungsrevier eines Brutpaares umfaßt normalerweise etwa 50 km^2, doch können sich die Flüge zu günstigen Nahrungsquellen (z.B. Müllplätzen) bis 40 km weit vom Brutplatz entfernt erstrecken.

▲ Jagdweise und Ernährung: Auf ausgedehnten Suchflügen nimmt er Abfälle aller Art, auch Kot, Reste von Kadavern und überfahrenen Tieren, daneben Kleintiere, Amphibien, Reptilien, Großinsekten und faulendes Obst. Er verzehrt auch Eier, nachdem er sie hochgehoben, auf den Boden geworfen und dadurch zerschlagen hat. In Ostafrika öffnet er Straußeneier, die er nicht hochheben kann, indem er sie mit Steinen bewirft!

▲ Fortpflanzung: Geschlechtsreife mit 5 Jahren.

Paare leben in Dauerehe und beziehen oft jahrelang den gleichen Brutplatz, meist eine Nische oder Höhle in einer Felswand. Darin häufen sie beim Nestbau Zweige an, daneben Wolle und Fellstücke sowie Nahrungsreste aller Art.

Legebeginn: Meist im März.

Gelegegröße: In der Regel 2 Eier (66×50 mm; 89 g), die auf gelblichweißem Grund rostbraun gefleckt sind und im Abstand von 2–4 Tagen gelegt werden.

Brutdauer: 42 Tage. Beide Partner lösen sich beim Brüten ab, ebenso bei der Jungenaufzucht: während der eine Partner den Nachwuchs betreut, schafft der andere Nahrung herbei.

Nestlingsdauer: 70–90 Tage. Etwa bei der Hälfte aller erfolgreichen Bruten wird nur 1 Junges flügge. Nach dem Ausfliegen des bzw. der Jungen bleibt die Familie bis zum Beginn des Herbstzuges beisammen.

▲ Höchstalter: 23 Jahre in Gefangenschaft.

▲ Wanderungen: In Südeuropa überwiegend Zugvogel, der in Afrika südlich der Sahara überwintert; einzelne Vögel verbleiben im Winter im Mittelmeerraum. Bei Gibraltar und am Bosporus liegt das Maximum des Herbstzuges in der ersten Septemberhälfte. Im Frühjahr ziehen die Altvögel Ende Februar/Anfang März durch, die noch nicht geschlechtsreifen Vögel jedoch erst Ende April.

Schmutzgeier im Suchflug.

Bestand

Bestandsverhältnisse in Europa: In Spanien und Portugal leben noch etwa 1000–1200 Paare, während in Südfrankreich (Pyrenäen und Provence) nur noch etwa 60 Paare, in Italien etwa 20 Paare, im südlichen Jugoslawien und in Bulgarien jeweils etwa 40 Paare und in Griechenland etwa 250 Paare vorhanden sind.
Der Gesamtbestand von rund 1500 Paaren ist fast überall von starkem Rückgang betroffen.

Bestandsgefährdung: Generell haben sich die Nahrungsgrundlagen des Schmutzgeiers aufgrund hygienischer Maßnahmen verschlechtert. Trotz gesetzlichen Schutzes wird er in manchen Ländern auch heute noch verfolgt und fällt vor allem Giftaktionen zum Opfer.

Schmutzgeier am Gewässer.

Spezielle Literatur:

FISCHER, W. (1974): Die Geier. – Neue Brehmbücherei, Band 311, A. Ziemsen Verlag, Wittenberg Lutherstadt.

KÜNKEL, R. (1989): Geier, die Steine als Werkzeug gebrauchen. – GEO Nr. 2: 114/115.

Mönchsgeier
Aegypius monachus

Länge: ca. 104 cm
Spannweite: 265–295 cm
Gewicht: 7000–12 500 g

▲ Vorkommen in Mitteleuropa: Dieser größte und schwerste Greifvogel der Alten Welt – auch Kuttengeier genannt – kommt in Europa gegenwärtig nur noch in Spanien in nennenswerten Beständen vor, während er in den Balkanländern schon fast ausgestorben ist. In Mitteleuropa erscheint er nur ganz ausnahmsweise als sehr seltener Gast, ist also praktisch nicht zu beobachten.

▲ Kennzeichen: Das Flugbild dieses größten europäischen Greifvogels ist gekennzeichnet durch sehr lange und sehr breite Flügel, einen verhältnismäßig kleinen Kopf und einen sehr kurzen Schwanz sowie durch die fast einheitlich dunkle Färbung. Vorder- und Hinterkanten der Flügel verlaufen nahezu parallel, die Handschwingen sind tief eingekerbt. Beim Kreisen ist die waagerechte Flügelhaltung ein wichtiges Kennzeichen.

Aus der Nähe fallen der hell bedunte Kopf, der mächtige Schnabel mit der bläulichen Wachshaut und vor allem die kuttenartige dunkelbraune Halskrause auf (daher der Name Kutten- oder Mönchsgeier). Jungvögel haben einen schwarzbraunen Kopf und sind auch sonst dunkler gefärbt als Altvögel.

▲ Stimme: Selten zu hören.

▲ Verbreitung: Von Südeuropa über Vorder- und Zentralasien bis nach China.

▲ Lebensraum: Sowohl im Flachland als auch auf Hochebenen und im Gebirge, wo es große Vieh- oder Wildbestände gibt, so daß ausreichend Kadaver zur Sicherung der Nahrungsgrundlage anfallen. Als Brutplatz werden bewaldete Berghänge bevorzugt, an denen gute Thermikverhältnisse herrschen, die den An- und Abflug erleichtern.

Mönchsgeier im Suchflug.

Mönchsgeier-Paar auf seinem Horst.

Mönchsgeier wird von seinem schon fast flüggen Jungen angebettelt.

Bestand

Bestandsverhältnisse in Europa: In Spanien ca. 365 Paare (incl. 15–20 Vögel auf Mallorca), in Griechenland etwa 15 Paare (nur noch in Thrakien); vielleicht auch noch einige wenige Paare in Bulgarien, Albanien und Jugoslawien. (In der Türkei soll es noch über 100 Paare geben, im Kaukasus 200–300 Paare.)

Bestandsgefährdung: Da der Mönchsgeier als Baumhorster auf Altholzbestände angewiesen ist, besteht durch das rigorose Fällen mediterraner Eichenwälder in weiten Teilen Spaniens eine starke Bestandsgefährdung. Auf der Balkanhalbinsel ist diese Art vor allem durch Auslegen von Giftködern (zur Wolfsbekämpfung) fast völlig ausgerottet worden. In Rumänien gab es Anfang dieses Jahrhunderts noch über 100 Paare; 1964 fand dort die letzte Brut statt.

▲ Siedlungsdichte und Reviergröße: In Spanien kommt lockeres Koloniebrüten vor. Längs eines Höhenzuges brüteten 36 Paare auf einer Strecke von 3,7 km, jeweils nur 100–400 m voneinander entfernt. Doch können die Nahrungs-Suchflüge 20 km weit reichen.

▲ Jagdweise und Ernährung: Der Nahrungserwerb findet meist im niedrigen Suchflug statt. Es werden tote Tiere aller Art angenommen. Mit seinem starken Schnabel vermag er sehr gut auch angetrocknetes Fleisch von großen Knochen abzunagen. Gegenüber Artgenossen zeigt er am Kadaver einen charakteristischen „Einschüchterungstanz" mit ritualisiertem Erheben der Füße, Gefiedersträuben und Vorstrecken des gesenkten Kopfes. Gelegentlich erbeutet er auch lebende kleine Säugetiere, z. B. Kaninchen, meist kranke oder behinderte.

▲ Fortpflanzung: Im Alter von 5–6 Jahren geschlechtsreif. Paare leben in Dauerehe. Die Balz beginnt im Januar.

Der Horst ist ein mächtiger Bau aus Zweigen und steht in Spanien meist auf Kiefern oder Eichen an Berghängen.

Legebeginn: Im März.

Gelegegröße: Normalerweise nur 1 Ei, sehr selten 2 Eier (92 × 69 mm, 244 g), die auf weißem Grund rötlich gefleckt sind.

Brutdauer: 50–55 Tage; beide Eltern wechseln sich beim Brüten ab. Der Jungvogel wird mit ausgewürgter, vorverdauter Nahrung gefüttert.

Nestlingsdauer: Etwa 120 Tage. Auch nach dem Ausfliegen kehrt der Jungvogel noch längere Zeit zur Futterübernahme und zur Nachtruhe auf den Horst zurück.

▲ Höchstalter: 39 Jahre in Gefangenschaft.

▲ Wanderungen: Stand- und Strichvogel. Die Altvögel verbleiben ganzjährig in der Nähe des Brutplatzes, während die Jungvögel umherstreifen, in Einzelfällen auch über größere Entfernung.

Spezielle Literatur:

MEYBURG, B.-U. & C. (1983): Derzeitige Verbreitung und Bestandssituation des Mönchsgeiers. – Weltarbeitsgruppe Greifvögel, Bull. 1: 172

Bartgeier
Gypaëtus barbatus

Länge: ca. 110 cm
Spannweite: 250–280 cm
Gewicht: 5000–6900 g

▲ Vorkommen in Mitteleuropa: Dieser seltenste Geier Europas ist in den Alpen schon vor etwa 100 Jahren als Brutvogel ausgestorben. Nur ganz selten wurden in Österreich und in der Schweiz in den letzten Jahrzehnten noch einzelne Bartgeier beobachtet, die aus Südeuropa zugewandert waren. Seit 1986 bzw. 1987 läuft jedoch in den Hohen Tauern (Österreich) und in Hoch-Savojen (Frankreich) ein Wiedereinbürgerungsprojekt, bei dem junge Bartgeier, die aus einer internationalen Zuchtgemeinschaft stammen, bisher recht erfolgreich ausgewildert werden.

▲ Kennzeichen: Das Flugbild des Bartgeiers zeigt lange, spitze Flügel und ist besonders gekennzeichnet durch den langen, keilförmigen Schwanz. (Die etwa ebensogroßen Gänse- und Mönchsgeier haben breitere Flügel und einen kurzen Schwanz. Der Schmutzgeier hat zwar ebenfalls einen keilförmigen Schwanz, ist aber viel kleiner.) Aus der Nähe betrachtet haben Altvögel einen hellen Kopf mit schwarzem Augenstreif, der sich bis zu einem „Bart" aus schwarzen Borstenfedern unter dem Schnabel fortsetzt. Die gelben Augen sind von einem leuchtend roten Hautring umgeben. Schnabel und Füße sind grau. Die Körperunterseite ist weißlich bis rostrot; letztere Färbung wird durch eisenoxidhaltigen Sand z.B. am Schlafplatz bewirkt. Körperoberseite, Schwanz und Flügelunterseite sind schieferschwarz. Jungvögel sind einheitlich dunkel gefärbt.

▲ Stimme: Selten zu hören, z.B. bei der Flugbalz ein hoher trillernder Laut.

▲ Verbreitung: Von den Gebirgen in Marokko über Südeuropa und Kleinasien ostwärts bis zur Mongolei und nach China. Eine kleinere Rasse brütet in Ost- und Südafrika.

▲ Lebensraum: Hochgebirge mit tiefen Tälern und Schluchten, meist über der Baumgrenze. Als Nahrungsgrundlage muß es dort gute Bestände von Gemsen, Steinböcken, Wildschafen oder Almvieh geben, von denen gelegentlich Tiere abstürzen oder auf andere Weise ums Leben kommen. Auch das Vorhandensein großer Beutegreifer (Steinadler, Wolf) scheint wichtig zu sein, weil er von diesen einen Teil der Beute übernehmen kann.

▲ Siedlungsdichte und Reviergröße: In den Pyrenäen kontrolliert ein Paar etwa 300 km^2.

▲ Jagdweise und Ernährung: Im segelnden, gleitenden Suchflug fliegt der Bartgeier die Felshänge seines Reviers entlang, oft in regelmäßigem Turnus, so daß er fast täglich zur gleichen Zeit an derselben Stelle erscheint. Die Nahrung besteht in erster Linie aus tot gefundenen Tieren oder deren Resten. Wenn er Tiere entdeckt, die sich in den Felsen verstiegen haben, verletzt oder geschwächt sind, so versucht er diese mit einem kräftigen Flügelschlag zum Absturz zu bringen. Frische Kadaver nimmt er lieber an als solche, die bereits in Verwesung übergegangen sind. Knochen bilden einen sehr wesentlichen Teil seiner Nahrung. Zu große Knochen trägt er in die Luft und läßt sie aus 50–80 m Höhe auf Felsen fallen, oft mehrmals nacheinander, bis sie zerbrechen und die Stücke verschlungen werden können. (Daher auch sein spanischer Name „Quebrantahuesos“ = Knochenbrecher.) Wo es Landschildkröten gibt, wie z. B. in Griechenland, erbeutet er diese regelmäßig und läßt sie in gleicher Weise fallen, um deren Panzer zu zerbrechen. Für solche Abwürfe sucht er besonders geeignete Felshänge immer wieder auf.

Bartgeier-Jungvogel im Segelflug.

▲ Fortpflanzung: Die Geschlechtsreife wird erst im Alter von 6–7 Jah-

Bestand

Bestandsverhältnisse in Europa: Der Gesamtbestand umfaßt nur noch etwa 85 Brutpaare bzw. etwa 270 Individuen einschließlich der noch nicht geschlechtsreifen Jungtiere. Es leben nur noch etwa 38–45 Paare in den Pyrenäen, 13–18 Paare auf Korsika und 25–32 Paare in Griechenland (davon 10–12 Paare auf Kreta).

Bestandsgefährdung: Auf dem griechischen Festland war diese Art bis vor wenigen Jahren gefährdet durch vergiftete Köder, die zur Bekämpfung von Wölfen und Füchsen ausgelegt wurden. Demgegenüber scheinen die Populationen in den Pyrenäen, auf Korsika und auf Kreta einigermaßen stabil zu sein.

Bartgeier bringt Beute zum Horst.

ren erreicht. Paare leben in Dauerehe. Die Balz beginnt im Dezember/Januar mit eindrucksvollen Flugspielen. Der Horst wird in Felswänden gebaut, fast immer in Halbhöhlen, die gut geschützt sind.
Legebeginn: Januar.
Gelegegröße: 1–2 Eier (83 x 66 mm, 216 g), die heller oder dunkler rostbraun gefärbt sind.
Brutdauer: 55–58 Tage. Stets wird nur 1 Junges großgezogen. Anfangs wird es ausschließlich mit Fleisch gefüttert, später auch mit Knochen.
Nestlingsdauer: Etwa 110 Tage; Ausfliegen des Jungvogels also frühestens Mitte Juni.
▲ Sterblichkeit: Die Jungensterblichkeit (bis zum Erreichen der Geschlechtsreife) soll sehr hoch sein.
▲ Höchstalter: In Gefangenschaft 26 Jahre.
▲ Wanderungen: Stand- und Strichvogel.

Spezielle Literatur:

FREY, H. (1986): Das Projekt zur Wiederansiedlung des Bartgeiers in den Alpen. – Nationalpark Berchtesgaden, Forschungsbericht 11: 60–62.

Gänsegeier
Bartgeier
Schmutzgeier
Mönchsgeier

Adlerbussard
Buteo rufinus

Länge: 61–66 cm
Spannweite: 130–155 cm
Gewicht: ♂ im Durchschnitt 1100 g
♀ im Durchschnitt 1300 g

▲ Vorkommen in Mitteleuropa: Nachdem der Adlerbussard sein Brutgebiet auf der Balkanhalbinsel im Laufe der letzten Jahrzehnte nach Norden erweitert hat, erscheint er als Gast in Ungarn etwas häufiger. Ansonsten ist er in Mitteleuropa ein sehr seltener Gast, also kaum zu beobachten.

▲ Kennzeichen: Größer als Mäusebussard, mit breiteren Flügeln und stärker gefingerten Handschwingen; dadurch wirkt das Flugbild adlerartig. Gute Erkennungsmerkmale sind der hell rostfarbene Kopf und Hals sowie der ebenfalls hell rostfarbene Schwanz, der bei Altvögeln meist keine Bänderung aufweist.
Es gibt drei Farbphasen: eine helle, eine rostrote und eine dunkle; letztere brütet allerdings nur vom Wolgagebiet an ostwärts.
Gewisse Verwechslungsmöglichkeiten kann es
a) mit dem Rauhfußbussard geben, dessen Schwanz jedoch immer eine breite dunkle Endbinde hat, und
b) mit dem Falkenbussard (*Buteo buteo vulpinus*), der osteuropäischen Rasse des Mäusebussards; dieser ist jedoch deutlich kleiner und hat schmalere und spitzere Flügel.

▲ Stimme: Ähnlich Mäusebussard, jedoch weniger ruffreudig.

▲ Verbreitung: Von Nordafrika und Südosteuropa über Vorderasien bis nach Zentralasien.

▲ Lebensraum: Normalerweise Trockensteppen und Halbwüsten. Auf dem Balkan auch im bewaldeten Bergland, wo es Felswände zum Horsten und offene Flächen zum Jagen gibt.

▲ Siedlungsdichte und Reviergröße: In Abhängigkeit vom Nahrungsange-

Adlerbussard im Flug.

Adlerbussard bringt Beute (Smaragdeidechse) zum Horst, der kleine Junge enthält.

bot stark schwankend. Übersommerer in Ungarn haben Jagdgebiete von 2000–3000 ha.

▲ Jagdweise und Ernährung: Jagt aus dem segelnden Suchflug sowie vom Ansitz aus und erbeutet hauptsächlich kleine bis mittelgroße Säugetiere (z.B. Wühlmäuse, Hamster und Ziesel), daneben Reptilien und größere Insekten.

▲ Fortpflanzung: Brutreife vermutlich im Alter von 2 oder 3 Jahren. Balzflüge wie beim Mäusebussard. Der Horst wird meist in einer Felswand gebaut.

Legebeginn: Im April.

Gelegegröße: Meist 2 oder 3 Eier (60 × 47 mm; 73 g), die auf hellem Grund bräunlich gefleckt sind.

Brutdauer: Nicht genau bekannt, vermutlich 33–35 Tage.

Nestlingsdauer: 6–7 Wochen.

▲ Höchstalter: ?

▲ Wanderungen: In Jugoslawien und Bulgarien ziehen Adlerbussarde im Spätherbst weg, während sie in Griechenland z.T. überwintern, ebenso in der Türkei. Die hauptsächlichen Überwinterungsgebiete liegen im nördlichen Afrika. Der Heimzug erfolgt im März.

Spezielle Literatur:

STERBETZ, I. (1960): Der Adlerbussard in Ungarn. – Orn. Mitt. 12: 187– 198.

Bestand

Bestandsverhältnisse in Europa: In Jugoslawien, Bulgarien und Griechenland gibt es schätzungsweise insgesamt 150–200 Brutpaare. Aus dem europäischen Teil der Sowjetunion, wo die Art im äußersten Südosten vorkommt, liegen keine Bestandszahlen vor.

Bestandsgefährdung: Ist bisher nicht bekannt geworden.

Kurzfangsperber
Accipiter brevipes

Länge: 33–38 cm
Spannweite: ♂ ca. 70 cm, ♀ ca. 80 cm
Gewicht: ♂ 150–200 g
♀ 220–270 g

▲ Vorkommen in Mitteleuropa: Abgesehen von wenigen Brutplätzen im östlichen Ungarn kommt der Kurzfangsperber in Mitteleuropa nicht vor und ist auch als Gast nur einmal in der Tschechoslowakei festgestellt worden.

▲ Kennzeichen: Im Unterschied zum Sperber, dem er allgemein sehr ähnlich ist, wirkt der Kurzfangsperber schlanker und hat spitzere Flügel. Im Flug kann man ihn vor allem an den schwarzen Flügelspitzen erkennen. Der Schwanz hat 5 bis 6 dunkle Binden (anstatt 4 bis 5 beim Sperber); jedoch sind die beiden mittleren Schwanzfedern bei Altvögeln einfarbig, d.h. ohne dunkle Binden. Der Größenunterschied der Geschlechter ist geringer als beim Sperber.
Das alte Männchen ist oberseits blaugrau, unterseits hell mit blaß rostroter Querstreifung, während das alte Weibchen oberseits braun ist und unterseits eine kräftige rostrote Querbänderung zeigt.
Jungvögel erkennt man an den dunkelbraunen, tropfenförmigen Längsflecken auf der sonst weißen Körperunterseite. Die Iris der Augen ist bei Jungvögeln graubraun, bei Altvögeln rotbraun.

▲ Stimme: Ganz anders als beim Sperber, nämlich Reihen von „ku-ik"- oder „kewek"-Lauten, die auf der zweiten Silbe betont und oft im Stakkato geäußert werden.

▲ Verbreitung: Südosteuropa und Vorderasien bis nach Iran.

▲ Lebensraum: Im Gegensatz zum Sperber ein ausgesprochener Laubwaldbewohner, gern in der Nähe von Gewässern.

▲ Siedlungsdichte und Reviergröße: Kürzeste Entfernung zwischen 2 besetzten Horsten etwa 100 m. Reviergröße: ?

▲ Jagdweise und Ernährung: Jagt – wie der Sperber – im Suchflug mit Überraschungsangriffen an Wald- und Heckenrändern und an gebüschbewachsenen Hängen, aber auch vom Ansitz aus. Die Nahrung ist vielseitiger als beim Sperber und kann in

Kurzfangsperber-Weibchen.

der Brutzeit überwiegend aus Mäusen und Eidechsen bestehen; daneben werden auch Kleinvögel und größere Insekten erbeutet.

▲ Fortpflanzung: Geschlechtsreife im Alter von 1 Jahr.

Nach der Ankunft am Brutplatz (im Karpatenbecken meist erst im Mai) baut das Paar aus dünnen Zweigen einen ziemlich kleinen Horst, stets im Kronenbereich von Laubbäumen, meist Eichen. Der Horst wird mit grünen Zweigen oder Blättern ausgelegt.

Legebeginn: 2. Maihälfte.

Gelegegröße: 3 bis 5, meist 4 bläulichweiße, ungefleckte Eier (40 x 32 mm; 22 g), die das Weibchen allein bebrütet, während das Männchen Nahrung zuträgt.

Brutdauer: Nicht genau bekannt, schätzungsweise 30–35 Tage.

Nestlingsdauer: Nicht genau bekannt, schätzungsweise 40–45 Tage. Nach dem Ausfliegen werden die Jungen noch etwa 2 Wochen von den Eltern betreut.

▲ Höchstalter: ?

▲ Wanderungen: Zugvogel, der in Afrika (Sudan, Äthiopien) überwintert. Wegzug Mitte August bis Mitte September mit starker Konzentration am Bosporus (Durchzugs-Höhepunkt in der 2. und 3. Septemberwoche). Heimzug im April.

Spezielle Literatur:

ARADI, C. (1964): Levant Sparrow Hawk nesting in the Nagyerdö of Debrecen. - Aquila 69/70: 250–251.

FINTHA, I. (1979): Neuere Vorkommen des Kurzfangsperbers. - Aquila 82: 244.

Kurzfangsperber-Männchen am Horst.

Bestand

Bestandsverhältnisse in Europa: Aufgrund von Durchzugszahlen am Bosporus schätzte GENSBØL (1986) den Gesamtbestand in Europa auf etwa 2100 Brutpaare. Davon dürfte der größte Teil im Süden der europäischen Sowjetunion beheimatet sein, denn in den Balkanländern scheint diese Art nur spärlich verbreitet zu sein, abgesehen von Griechenland, wo es ca. 400 Paare geben soll.

Bestandsgefährdung: Ist bisher nicht bekannt geworden.

Steppenadler
Aquila nipalensis

Länge: 66–79 cm
Spannweite: ♂ 165–180 cm, ♀ 180–200 cm
Gewicht: ♂ ca. 2500 g
♀ ca. 3000 g

▲ Vorkommen in Mitteleuropa: Da diese Art nur im äußersten Südosten Europas, nämlich in den südrussischen Steppengebieten als Brutvogel vorkommt, verirren sich höchst selten einzelne Exemplare bis nach Mitteleuropa.

▲ Kennzeichen: Kleiner als Steinadler und Kaiseradler, von denen er sich durch den kürzeren Schwanz, der keine breite dunkle Endbinde aufweist, unterscheiden läßt. Im Flugbild zeigen Altvögel einen einfarbig dunkelbraunen Körper, der mit den helleren, graubraun gebänderten Unterflügeln kontrastiert.
Bei Jungvögeln sind Körper und Flügeldecken hellbraun, Armschwingen und Schwanz braunschwarz mit weißem Endsaum; außerdem zieht sich über die Flügelunterseite ein breites weißes Band.

▲ Stimme: Am Brutplatz ein hohes, kläffendes „kau-kau-kau".

▲ Verbreitung: Von Südrußland bis nach Zentralasien. Von manchen Systematikern wird der Steppenadler nur als Rasse des **Raubadlers** (*Aquila rapax*) angesehen. Letzterer bewohnt große Teile Afrikas, Südwestarabien sowie Nordindien und Burma.

▲ Lebensraum: Offene, flache Grassteppen und Halbwüsten.

▲ Siedlungsdichte und Reviergröße: In günstigen Gebieten leben 3–5 Paare auf 100 km^2. Die Reviergröße schwankt stark in Abhängigkeit vom Nahrungsangebot, d. h. von der Dichte der Ziesel-Bestände.

▲ Jagdweise und Ernährung: Am häufigsten wird die Ansitzjagd betrieben, daneben auch die Jagd aus krei-

Steppenadler im Flug.

Steppenadler bei der Bodenjagd.

sendem Suchflug. Im Brutgebiet ernährt er sich fast ausschließlich von Zieseln. Auf dem Zug und im afrikanischen Winterquartier dienen andere Kleinsäuger und Aas als Nahrung.

▲ Fortpflanzung: Alter der Geschlechtsreife noch unbekannt.

Nach der Ankunft am Brutplatz (ab Mitte März) baut das Paar seinen Horst auf einer Bodenerhöhung, mitunter auch auf einem Strauch oder auf einem Strohhaufen.

Legebeginn: Ab Mitte April.

Gelegegröße: 1–3, meist 2 Eier (69 × 54 mm, 117 g), die auf weißem Grund schwach braun und grau gefleckt sind.

Brutdauer: Ca. 45 Tage.

Nestlingsdauer: Ca. 60 Tage.

▲ Höchstalter: 41 Jahre in Gefangenschaft.

▲ Wanderungen: Ausgesprochener Zugvogel, der im östlichen Afrika überwintert. Wegzug: Ende August bis Anfang Oktober. Heimzug: Ende Februar bis Anfang April.

Spezielle Literatur:

POSLAWSKI, A. N. (1967): Der Steppenadler, sein Vorkommen in den Wüsten des nördlichen Kaspivorlandes. – Der Falke 14: 156–158.

Steppenadler auf seiner Ansitzwarte.

Bestand

Bestandsverhältnisse in Europa: In den Steppengebieten nördlich des Kaspischen Meeres soll noch ein guter Bestand von mehreren tausend Paaren vorhanden sein, während es in der Ukraine nur noch wenige Paare gibt.

Bestandsgefährdung: Durch intensive Kultivierung der Steppen wurde der Lebensraum stark verkleinert. Hinzu kommen viele Verluste an elektrischen Leitungen.

Eleonorenfalke
Falco eleonorae

Länge: 36–40 cm
Spannweite: 90–100 cm
Gewicht: ♂ im Durchschnitt 350 g
♀ im Durchschnitt 390 g

▲ Vorkommen in Mitteleuropa: Die Brutgebiete des Eleonorenfalken liegen auf Inseln im Mittelmeer sowie im anschließenden Bereich des Atlantik. In Mitteleuropa ist er nicht zu beobachten.

▲ Kennzeichen: Im Flug dem Baumfalken sehr ähnlich, jedoch deutlich größer; hat sehr lange, spitze Flügel und einen verhältnismäßig langen Schwanz. Auch beim sitzenden Vogel fällt die sehr schlanke Gestalt auf.

Es gibt zwei, vom Geschlecht unabhängige Färbungstypen: eine helle Phase, die dem Baumfalken ähnelt, und eine dunkle Phase, die fast einheitlich dunkelbraun bis schwarz gefärbt ist. Jedoch haben nur 20% bis 32% aller Eleonorenfalken dieses dunkle Gefieder.

Altvögel der hellen Phase sind nur oberseits dunkelbraun bis schwarz, unterseits dagegen auf hellem oder rostfarbenem Grund dunkel längsgefleckt, während das Weiß an Kehle und Wangen einen starken Kontrast bildet zu dem Schwarz des Oberkopfes und Bartstreifes.

Jungvögel sind allgemein etwas heller gefärbt als Altvögel.

▲ Stimme: Am Brutplatz sind „kjä-kjä-kjäk“-Rufreihen und einige andere Lautäußerungen zu hören.

▲ Verbreitung: Lokal beschränkte Brutkolonien an den Felsküsten kleiner und größerer Inseln im Mittelmeer, vor allem in der Ägäis; außerdem bei Kreta und Zypern, an den Küsten Dalmatiens und Italiens, Tunesiens und Algeriens sowie auf den Balearen; schließlich auf den Mogador-Inseln (Marokko) und auf den Kanarischen Inseln im östlichen Atlantik.

Eleonorenfalke (helle Phase).

▲ Lebensraum: Von Menschen unbewohnte Felsinseln bzw. unzugängliche Steilküsten als Brut- und Ruheplätze, dazu der Luftraum über dem Meer als Jagdgebiet auf durchziehende Kleinvögel.
▲ Siedlungsdichte und Reviergröße: Als Koloniebrüter – mit bis zu 300 Brutpaaren auf einer kleinen Insel von ca. 0,6 km^2 Fläche – zeigt der Eleonorenfalke nur geringes Territorialverhalten. Die Abstände zwischen benachbarten Brutplätzen betragen mitunter nur wenige Meter. Der Luftraum über und vor der Brutinsel wird als gemeinsames Jagdgebiet genutzt. Vor Beginn des herbstlichen Vogelzuges werden auch weiter entfernt liegende Jagdgebiete aufgesucht.
▲ Jagdweise und Ernährung: Ausgesprochener Flugjäger, der außerhalb der Brutzeit fast nur fliegende Insekten (vor allem Käfer) erbeutet. Im Verlauf der Brutzeit, die optimal an den herbstlichen Durchzug von Singvögeln im Mittelmeerraum angepaßt ist und deshalb erst Ende Juli beginnt, gehen die Eleonorenfalken von der Insektenjagd zur Vogeljagd über. Zur Jungenaufzucht zwischen Ende August und Mitte Oktober erbeuten sie fast ausschließlich durchziehende Kleinvögel, die dann ein überaus reiches Nahrungsangebot bilden. Schon in der Morgendämmerung beginnen die Falken aus dem sogenannten „Standfliegen“ gegen den Wind, mehrere hundert Meter über ihrer

Brutinsel, auf die nachts ziehenden und dann am Morgen über das Meer kommenden Kleinvögel zu jagen. Obwohl diese Durchzügler z.T. erschöpft sind, gibt es bei den Jagden oft Fehlstöße. Weil aber häufig mehrere Falken auf den gleichen Vogel jagen, gelingt schließlich doch dessen Fang. Der Eingriff der Eleonorenfalken in die großen Mengen von Kleinvögeln, die im Herbst von Europa nach Afrika ziehen, beträgt insgesamt schätzungsweise nur 0,03%.

▲ Fortpflanzung: Weibchen brüten in der Regel erstmalig im Alter von 2 Jahren, Männchen im Alter von 3 Jahren, und zwar meist in der gleichen Brutkolonie, in der sie selbst aufgewachsen sind.

Als Brutplätze dienen möglichst schattige Löcher und Nischen in Steilküsten oder unter Steinbrocken, aber auch offene Stellen.

Legebeginn: Ab Mitte Juli.

Gelegegröße: Meist 2 oder 3, mitunter auch 4 Eier (43 × 34 mm; 26 g), die auf hellem Grund eine dichte rötlichbraune Fleckung zeigen.

Legeabstand: 2 Tage. Brut ab 1. Ei.

Brutdauer: 28–30 Tage. Es brütet überwiegend das Weibchen, das auch die Jungen bewacht und mit der Beute füttert, die vom Männchen herbeigebracht wird. Erst wenn die Jungen schon ein paar Wochen alt sind, beteiligt sich auch das Weibchen an der Beutebeschaffung.

Nestlingsdauer: Ca. 37 Tage. Nach dem Ausfliegen werden die Jungen noch etwa 3 Wochen von den Eltern versorgt, bis sie selbständig sind.

Fortpflanzungsrate: 1,3 bis 2,3 flügge Junge pro Paar und Jahr.

▲ Sterblichkeit: Ca. 78% der ausgeflogenen Jungen sterben vor Erreichen des Fortpflanzungsalters, während die Sterblichkeit der Brutvögel nur ca. 13% beträgt.

▲ Höchstalter: 16 Jahre (aufgrund von Beringung).

▲ Wanderungen: Im Oktober findet der Abzug aus den Brutgebieten statt. Die Falken ziehen hauptsächlich über das Rote Meer und an der Ostküste Afrikas entlang nach Madagaskar und zu benachbarten Inseln, wo sie überwintern. Die Rückkehr in den Mittelmeerraum erfolgt im April. An den Brutplätzen sind die Falken jedoch erst ab Mai oder Juni zu beobachten.

Bestand

Bestandsverhältnisse in Europa: Es sind knapp 100 Brutkolonien bekannt, die insgesamt – einschließlich der Kolonien an bzw. vor den nordafrikanischen Küsten – etwa 4200 Brutpaare (=Weltbestand!) beherbergen. Etwa 2900 Paare, also rund zwei Drittel des Bestandes brüten in der Inselwelt der Ägäis (Griechenland), während vor der Küste Jugoslawiens nur etwa 12 Paare, an den Küsten Italiens (vor allem Sardiniens) etwa 480 Paare und auf den Balearen (Spanien) rund 300 Paare leben.

Bestandsgefährdung: Im Vergleich zu früheren Jahrzehnten, als die Brutkolonien teilweise von Menschen geplündert wurden, z.B. um die Jungen zu braten und zu essen, scheint sich die Situation inzwischen aufgrund von Schutzmaßnahmen verbessert zu haben. Jedoch kann der zunehmende Tourismus Störungen verursachen.

Eleonorenfalke (dunkle Phase) am Horst mit 3 Jungen (2–3 Wochen alt).

Spezielle Literatur:

RISTOW, D., C. WINK & M. WINK (1983): Biologie des Eleonorenfalken (*Falco eleonorae*): 11. Die Anpassung des Jagdverhaltens an die vom Wind abhängigen Zugvogelhäufigkeiten. – Vogelwarte 23: 7–13.

RISTOW, D., W. SCHARLAU & M. WINK (1987): Populationsstruktur und Sterblichkeit beim Eleonorenfalken (*Falco eleonorae*). – Proceedings der Eilat-Konferenz.

WALTER, H. (1968): Zur Abhängigkeit des Eleonorenfalken (*Falco eleonorae*) vom mediterranen Vogelzug. – Journal für Ornithologie 109: 323–365.

Lanner
Falco biarmicus

Länge: ♂ um 44 cm, ♀ um 49 cm
Spannweite: ♂ etwa 100 cm, ♀ etwa 110 cm
Gewicht: ♂ 500–600 g
♀ 700–900 g

▲ Vorkommen in Mitteleuropa: Dieser große Falke ist hauptsächlich in Afrika beheimatet und kommt in seiner nördlichsten Rasse, dem **Feldeggsfalken** (*Falco biarmicus feldeggi*) in Süditalien und Sizilien sowie in den westlichen und südlichen Bereichen der Balkanhalbinsel als Brutvogel vor. Weiter nördlich erscheint er äußerst selten, ist also in Mitteleuropa nicht zu beobachten.

▲ Kennzeichen: Obwohl im Flugbild dem Wanderfalken sehr ähnlich, kann der Lanner jedoch an der schlankeren Gestalt, dem etwas längeren Schwanz und der niedrigeren Schwingenschlagfrequenz erkannt werden. Wesentlich größer sind die Verwechslungsmöglichkeiten mit dem Saker, speziell in Gebieten, wo beide Arten vorkommen (z. B. in den Balkanländern); hier kann bei Altvögeln eine sichere Artbestimmung nur durch Beobachtung aus der Nähe erfolgen. Während Saker oberseits braun sind, haben ausgefärbte Lanner eine blaugraue Oberseite mit dunkler Querbänderung sowie eine helle, meist nur fein gefleckte Unterseite. Außerdem sind Altvögel des Lanners gekennzeichnet durch den fuchsroten bis sandgelben Scheitel und Nacken sowie durch den schmalen dunklen Backenstreifen.

Die Färbung des Jugendkleides ist noch nicht so kontrastreich, sondern von fast einheitlichem Braun beherrscht: Scheitel hellbraun gestreift, Rücken einfarbig dunkelbraun, Unterseite weißlich mit braunen Längsflecken. Junge Lanner und Saker sind sehr schwer zu unterscheiden.

▲ Stimme: Viel seltener zu hören als beim Wanderfalken; ein weiches Lahnen (Betteln) und ein rauhes Gekkern (Begrüßung); kein „kozick“ wie beim Wanderfalken.

▲ Verbreitung: Einschließlich des Vorkommens in Südeuropa bewohnt der Lanner in 5 verschiedenen Rassen große Teile Afrikas und kommt lokal auch in Vorderasien vor.

▲ Lebensraum: Steilfelsige Bergmassive über weiten, offenen, häufig halbwüstenhaften Flächen. Von der beherrschenden Höhe der Felsbastionen aus, in denen sie Brutplätze finden, bejagen die Lanner das vorge-

Lanner-Jungvogel

lagerte Gelände. In manchen Gebieten leben sie auch an Küstenfelsen.

▲ Siedlungsdichte und Reviergröße: In günstigen Lebensräumen kann der Abstand zwischen den Brutplätzen zweier benachbarter Paare nur etwa 1 km betragen. Das Jagdrevier eines Paares hat jedoch einen Radius von 4–5 km.

▲ Jagdweise und Ernährung: Vor allem in der Zeit der Jungenaufzucht jagen die Partner eines Paares meist gemeinsam, indem sie auf ein aufgescheuchtes Beutetier abwechselnd stoßen und sich dabei sehr sinnvoll ergänzen. Nur durch solche Kombinationsjagden ist ein ausreichender Jagderfolg gewährleistet. Hauptbeutetiere sind Vögel (wie Dohlen, Rötelfalken und Turmfalken, Felsentauben, Kalanderlerchen), die in der Luft gegriffen werden. Gelegentlich werden aber auch Beutetiere am Erdboden geschlagen (z. B. junge Kaninchen, Ratten, Eidechsen, Amphibien, Käfer).

▲ Fortpflanzung: Brutreife mit 2 oder 3 Jahren. Die Partner eines Paares leben in Dauerehe und halten meist das ganze Jahr über eng zusammen. Die Brut findet in Höhlungen oder Nischen steiler Felswände statt, wo zur Aufnahme des Geleges lediglich eine kleine Mulde ausgescharrt wird.
Legebeginn: In Sizilien schon ab Mitte Februar, sonst meist im März.
Gelegegröße: 3–4 Eier (51 × 41 mm; 49 g), die denen des Wanderfalken sehr ähnlich, aber mehr gelblich- als rötlichbraun gefleckt sind.
Brutdauer: 32–35 Tage.
Legeabstand: 2–3 Tage. Es brütet hauptsächlich das Weibchen, das vom Männchen mit Beute versorgt wird, auch solange die kleinen Jungen noch gehudert werden müssen. Danach jagen beide Partner in Kombinationsjagd (siehe oben).
Nestlingsdauer: 35–42 Tage.
Bettelflugperiode: 4–6 Wochen.
Fortpflanzungsrate: 2,5 bis 2,8 flügge Junge pro Brut.

▲ Höchstalter: 17 Jahre (in Gefangenschaft).

▲ Wanderungen: Brutpaare sind meist Standvögel, während die Jungen umherstreichen, bis sie sich verpaaren und ein Brutrevier besetzen.

Spezielle Literatur:

BONORA, M. & M. CHIAVETTA (1975): Contribution à l'étude du Faucon lanier *Falco biarmicus feldeggi* en Italie. – Nos Oiseaux 33: 153–168.

MEBS, TH. (1959): Beitrag zur Biologie des Feldeggsfalken (*Falco biarmicus feldeggi*). – Vogelwelt 80: 142–149.

Lanner-Altvogel

Bestand

Bestandsverhältnisse in Europa: Italien: ca. 100–120 Paare; Jugoslawien: ca. 50 Paare; Albanien: ?; Griechenland: ca. 30 Paare. Der europäische Gesamtbestand umfaßt also nur noch etwa 200 Paare und ist somit hochgradig gefährdet.

Bestandsgefährdung: Neben Horstplünderungen und direkten Verfolgungen durch Abschuß wirken sich möglicherweise auch Belastungen durch Pestizide bestandsgefährdend aus.

Gleitaar
Elanus caeruleus

Länge: 33 cm
Spannweite: 80–90 cm
Gewicht: etwa 230 g

▲ Vorkommen in Mitteleuropa: Diese afrikanisch-asiatische Art kommt in Europa nur im südlichen Portugal und in Südwest-Spanien als Brutvogel vor. In Mitteleuropa ist der Gleitaar ein sehr seltener Irrgast, also praktisch nicht zu beobachten.

▲ Kennzeichen: Nur wenig größer als ein Turmfalke, jedoch mit auffallend kurzem Schwanz. Die langen, spitzen Flügel sind breiter als bei Falken. Beim segelnden Kreisen in der Thermik und beim niedrigen Suchflug über offenem Gelände werden die Flügel – ähnlich wie bei Weihen – schräg nach oben gehalten.
Rüttelt häufig, aber langsamer als ein Turmfalke. Im Flug wirkt er von unten reinweiß, bis auf die schwarzen Flügelspitzen. Sitzt gern auf hohen Warten. Dabei fallen die schwarzen Oberflügel auf, die einen starken Kontrast bilden zu dem weißlichen Kopf, der hellgraublauen Oberseite und der reinweißen Unterseite. Die Iris der Augen ist orangerot.
Jungvögel sind oberseits graubraun, unterseits weiß mit rostfarbener Tönung und schwacher brauner Streifung.

▲ Stimme: Bei Erregung ein heiseres „kri-äh“.

▲ Verbreitung: Afrika, Südasien. Im Anschluß an die Vorkommen in Nordafrika (Algerien, Marokko) auch im Südwesten der Iberischen Halbinsel.

▲ Lebensraum: Savannen, Steppen und Halbwüsten, aber auch Kultursteppe mit lockerem Baumbestand.

▲ Siedlungsdichte und Reviergröße: In günstigen Gebieten Afrikas 1 Paar auf etwa 2,5 km^2. Revierbesetzung

Gleitaar im Rüttelflug.

Gleitaar auf seiner Ansitzwarte.

wechselt in Abhängigkeit vom Kleinnagerbestand.

▲ Jagdweise und Ernährung: Die Jagd wird entweder im niedrigen Suchflug betrieben – oft auch noch in der Dämmerung – oder von erhöhten Ansitzwarten aus. Erbeutet hauptsächlich Kleinsäuger, vor allem Mäuse, daneben Kleinvögel, Jungvögel aller Art und Eidechsen, gelegentlich auch Großinsekten.

▲ Fortpflanzung: Geschlechtsreife? Nest auf Bäumen, beide Partner bauen, meist jedes Jahr ein neues Nest.

Legebeginn: In Spanien und Portugal Ende Februar/Anfang März.

Gelegegröße: 3–4 (2–6) Eier (39 × 31 mm; 21 g), die auf hellem Grund meist kräftig rotbraun gefleckt sind.

Legeabstand: 2–3 Tage.

Brutbeginn: Mit dem 1. Ei; im wesentlichen brütet das Weibchen.

Brutdauer: 26 Tage.

Nestlingsdauer: 30–35 Tage. Wie lange die Familie nach dem Ausfliegen der Jungen noch zusammenbleibt, ist unbekannt.

▲ Höchstalter: ?

▲ Wanderungen: Stand- und Strichvogel.

Spezielle Literatur:

AGUILAR, A., u. a. (1980): Ardeola 25: 59–70.

SACARRAO, G. F. (1982): Arq. Mus. Bocage A1: 403–413.

Bestand

Bestandsverhältnisse in Europa: In Spanien und Portugal insgesamt etwa 200 Brutpaare; anscheinend findet gegenwärtig Zunahme statt.

Bestandsgefährdung: Scheint nicht vorzuliegen.

Schätzwerte der Greifvogel-Brutbestände (Paare) in Belgien, den Niederlanden und Luxemburg sowie in der Schweiz und in Österreich (Stand 1988)

	Belgien	Niederlande	Luxemburg	Schweiz	Österreich
Fläche in Tausend km²	30,5	41,2	2,6	41,3	83,9
Mäusebussard (*Buteo buteo*)	ca. 1500	3500–4500	(ca. 600)	(ca. 7000)	(ca. 4000)
Turmfalke (*Falco tinnunculus*)	ca. 1400	5000–7000	(ca. 400)	(ca. 3000)	(ca. 3000)
Sperber (*Accipiter nisus*)	ca. 300	2500–3000	(ca. 200)	(ca. 4000)	(ca. 2000)
Habicht (*Accipiter gentilis*)	ca. 200	1300–1700	(ca. 100)	ca. 1300	(ca. 1000)
Wespenbussard (*Pernis apivorus*)	ca. 200	400–500	(ca. 50)	(300–500)	(ca. 1000)
Baumfalke (*Falco subbuteo*)	*ca. 85*	*1400–1900*	*6–8*	*ca. 155*	*ca. 200*
Schwarzmilan (*Milvus migrans*)	v	v	5–6	ca. 1250	ca. 20
Rohrweihe (*Circus aeruginosus*)	ca. 25	700–900	–	v	ca. 40
Steinadler (*Aquila chrysaëtos*)	–	–	–	200–250	(ca. 150)
Rotmilan (*Milvus milvus*)	ca. 10	3–5	10–12	> 200	v
Wanderfalke (*Falco peregrinus*)	–	–	–	> 100	60–70
Kornweihe (*Circus cyaneus*)	v	100–140	v	–	–
Wiesenweihe (*Circus pygargus*)	v	5–15	v	v	5–10
Rotfußfalke (*Falco vespertinus*)	–	–	–	–	5–10
Rötelfalke (*Falco naumanni*)	–	–	–	–	0–5
Saker (*Falco cherrug*)	–	–	–	–	0–3

Zeichenerklärung: > = mehr als; < = weniger als; ca. = ungefähr; in () = grobe Schätzung; v = vereinzelt und unregelmäßig (z.T. nur Brutverdacht); – = fehlt als Brutvogel

Schätzwerte der Greifvogel-Brutbestände (Paare) in den einzelnen Ländern der Bundesrepublik Deutschland (BRD) (Stand 1988)

	Baden-Württemberg	Bayern	Hessen	Nieder-sachsen
Fläche in Tausend km^2	35,8	70,5	21	47,3
Mäusebussard (*Buteo buteo*)	(ca. 6500)	ca. 10000	ca. 4000	ca. 8000
Turmfalke (*Falco tinnunculus*)	(ca. 3000)	ca. 6000	(ca. 1800)	(ca. 4000)
Sperber (*Accipiter nisus*)	500 – 600	ca. 3000	ca. 500	ca. 2000
Habicht (*Accipiter gentilis*)	ca. 500	ca. 1800	600 – 800	ca. 1500
Wespenbussard (*Pernis apivorus*)	300 – 400	600 – 800	200 – 500	>400
Rotmilan (*Milvus milvus*)	180 – 200	150	400 – 600	>550
Baumfalke (*Falco subbuteo*)	ca. 100	300 – 500	50 – 100	<500
Rohrweihe (*Circus aeruginosus*)	15 – 30	50 – 70	30 – 40	ca. 600
Schwarzmilan (*Milvus migrans*)	ca. 300	150 – 200	180 – 200	>15
Wanderfalke (*Falco peregrinus*)	ca. 130	ca. 80	6	5
Wiesenweihe (*Circus pygargus*)	1 – 6	5 – 6	1 – 3	20 – 40
Steinadler (*Aquila chrysaëtos*)	?	ca. 50	–	–
Kornweihe (*Circus cyaneus*)	2 – 4	v	–	ca. 10
Seeadler (*Haliaeëtus albicilla*)	–	–	–	–

	Nordrhein-Westfalen	Rheinland-Pfalz	Saarland	Schleswig-Holstein	BRD insgesamt
Fläche in Tausend km^2	34	19,8	2,6	15,7	245,3
Mäusebussard (*Buteo buteo*)	ca. 6000	(ca. 3500)	(ca. 400)	1700–3600 ⌀ = 2000	ca. 41000
Turmfalke (*Falco tinnunculus*)	ca. 3000	(ca. 1600)	(ca. 200)	300–1300 ⌀ = 800	ca. 20400
Sperber (*Accipiter nisus*)	ca. 2600	(ca. 600)	<50	(ca. 500)	ca. 9800
Habicht (*Accipiter gentilis*)	ca. 1400	(ca. 400)	ca. 100	ca. 400	ca. 6800
Wespenbussard (*Pernis apivorus*)	ca. 350	(ca. 150)	ca. 20	80–200	ca. 2500
Rotmilan (*Milvus milvus*)	ca. 220	<200	<20	ca. 70	ca. 1900
Baumfalke (*Falco subbuteo*)	ca. 250	ca. 30	ca. 20	100–200	ca. 1500
Rohrweihe (*Circus aeruginosus*)	30–40	ca. 35	–	ca. 500	ca. 1300
Schwarzmilan (*Milvus migrans*)	ca. 15	<100	–	5–10	ca. 800
Wanderfalke (*Falco peregrinus*)	1	8	–	–	ca. 230
Wiesenweihe (*Circus pygargus*)	ca. 10	v (1–2)	3	ca. 45	ca. 100
Steinadler (*Aquila chrysaëtos*)	–	–	–	–	ca. 50
Kornweihe (*Circus cyaneus*)	v	v	–	ca. 5	ca. 18
Seeadler (*Haliaeëtus albicilla*)	–	–	–	6	6

Zeichenerklärung: > = mehr als; < = weniger als; ca. = ungefähr; in () = grobe Schätzung; v = vereinzelt und unregelmäßig (z.T. nur Brutverdacht); – = fehlt als Brutvogel

Schätzwerte der Greifvogel-Brutbestände (Paare) in der Deutschen Demokratischen Republik (DDR), in Polen, in der Tschechoslowakei (ČSSR) und in Ungarn (Stand 1988)

	Deutsche Demokratische Republik (DDR)	Polen	Tschechoslowakei (ČSSR)	Ungarn
Fläche in Tausend km²	108,3	312,7	127,9	93,0
Mäusebussard (*Buteo buteo*)	15 000–25 000 ∅ = ca. 19 000	(ca. 32 000)	ca. 8500	1500–2000
Turmfalke (*Falco tinnunculus*)	2500–5000	ca. 10 000	ca. 7000	2000–3000
Habicht (*Accipiter gentilis*)	ca. 1500	ca. 5000	ca. 2000	300–500
Sperber (*Accipiter nisus*)	ca. 1300	ca. 2000	ca. 2500	300–400
Rohrweihe (*Circus aeruginosus*)	ca. 1700	ca. 2000	ca. 600	150–200
Wespenbussard (*Pernis apivorus*)	mind. 800	ca. 2000	ca. 600	100–150
Baumfalke (*Falco subbuteo*)	> 400	ca. 2000	ca. 300	150–200
Rotmilan (*Milvus milvus*)	> 2500	ca. 300	ca. 20	v
Schwarzmilan (*Milvus migrans*)	ca. 800	ca. 500	ca. 40	ca. 30
Rotfußfalke (*Falco vespertinus*)	–	ca. 20	ca. 50	800–1000
Schreiadler (*Aquila pomarina*)	ca. 80	ca. 600	ca. 300	ca. 50
Wiesenweihe (*Circus pygargus*)	ca. 35	ca. 300	ca. 5	70–80
Seeadler (*Haliaeëtus albicilla*)	ca. 120	ca. 220	5	15–20
Fischadler (*Pandion haliaëtus*)	ca. 120	30–40	–	–
Kornweihe (*Circus cyaneus*)	ca. 30	ca. 50	ca. 10	–
Schlangenadler (*Circaëtus gallicus*)	–	ca. 30	ca. 7	25–30
Saker (*Falco cherrug*)	–	–	ca. 25	35–40
Steinadler (*Aquila chrysaëtos*)	–	ca. 10	ca. 50	1

Zeichenerklärung: ca. = ungefähr; in () = grobe Schätzung; > = mehr als; v = vereinzelt und unregelmäßig; – = fehlt als Brutvogel

	Deutsche Demokratische Republik (DDR)	Polen	Tschechoslowakei (ČSSR)	Ungarn
Kaiseradler (*Aquila heliaca*)	–	–	ca. 25	ca. 16
Zwergadler (*Hieraaëtus pennatus*)	–	ca. 10	ca. 3	8–10
Schelladler (*Aquila clanga*)	–	15–30	–	–
Rötelfalke (*Falco naumanni*)	–	ca. 20	–	–
Wanderfalke (*Falco peregrinus*)	ca. 7	ca. 5	ca. 5	–

Quellen der Bestandszahlen-Schätzungen

a) für Mitteleuropa:

Belgien:

ARNHEM, R.: pers. Mitt. 1988

KESTELOOT, E. J. J. (1977): Present Situation of Birds of Prey in Belgium. – Bericht auf der Greifvogel-Weltkonferenz in Wien 1975 (siehe unten: CHANCELLOR 1977, S. 85–87).

Bundesrepublik Deutschland (BRD):

Baden-Württemberg:

HÖLZINGER, J. (1987): Die Vögel Baden-Württembergs. Gefährdung und Schutz. Artenhilfsprogramme. Band 1, Teil 2. – Verlag Eugen Ulmer, Stuttgart.

Bayern:

LINK, H.: pers. Mitt. 1988 hinsichtlich Habicht, Rohrweihe, Steinadler, Wanderfalke.

WÜST, W. (1981): Avifauna Bavariae. Die Vogelwelt Bayerns im Wandel der Zeit. Band 1. – München.

Hessen:

HGON (1987): Rote Liste der bestandsgefährdeten Vogelarten in Hessen. 7. Fassung. – Vögel und Umwelt 4: 335–344.

Niedersachsen:

HECKENROTH, H.: pers. Mitt. 1988 hinsichtlich Sperber, Turmfalke, Weihen.

HECKENROTH, H. (1985): Atlas der Brutvögel Niedersachsens 1980. – Naturschutz und Landschaftspflege in Niedersachsen, Heft 14, 428 Seiten. – Hannover.

Nordrhein-Westfalen:

Arbeitsgruppe Greifvögel der GRO und WOG.

MILDENBERGER, H. (1982): Die Vögel des Rheinlandes, Band 1. – Kilda-Verlag, Greven.

PEITZMEIER, J. (1979): Avifauna von Westfalen. 2. Aufl. – Abhandl. Landesmuseum f. Naturkunde Münster 41: 1–576.

Rheinland-Pfalz:

GNOR (1987): Die Vögel in Rheinland-Pfalz. Eine Übersicht. – Naturschutz und Ornithologie in Rheinland-Pfalz, Band 4, Nr. 3.

Saarland:

OBS & DBV (1982): Rote Liste der im Saarland bestandsgefährdeten Vogelarten. 4. Fassung.

Schleswig-Holstein:

LOOFT, V. & G. BUSCHE (1981): Vogelwelt Schleswig-Holsteins, Band 2: Greifvögel. – K. Wachholtz Verlag, Neumünster.

Deutsche Demokratische Republik (DDR):

DORNBUSCH, M. (1986): Bestand und

Schutz der Greifvögel und Eulen in der DDR. – Der Falke 33: 390–397.
DORNBUSCH, M. (1987): Grundlagen des Artenschutzes aus der Sicht des Vogelschutzes. – Der Falke 34: 71–73.
KLAFS, G. & J. STÜBS (1987): Die Vogelwelt Mecklenburgs. 3. Auflage. – VEB Gustav Fischer Verlag, Jena. (Lizenzausgabe Aula-Verlag, Wiesbaden)
KNORRE, D. v. et al. (1986): Die Vogelwelt Thüringens. – VEB Gustav Fischer Verlag, Jena. (Lizenzausgabe Aula-Verlag, Wiesbaden)
RUTSCHKE, E. (1983): Die Vogelwelt Brandenburgs. – VEB Gustav Fischer Verlag, Jena. (Lizenzausgabe Aula-Verlag, Wiesbaden)
STUBBE, M. (1987): Populationsökologie von Greifvogel- und Eulenarten. Band 1. – Halle (Saale).

Luxemburg:
MELCHIOR, E. et al. (1987): Atlas der Brutvögel Luxemburgs. – Luxemburg.

Niederlande:
SOVON (1987): Atlas van de Nederlandse Vogels. – Almelo.

Österreich:
BAUER, K. (1977): Present Status of Birds of Prey in Austria. – Bericht auf der Greifvogel-Weltkonferenz in Wien 1975 (siehe unten: CHANCELLOR 1977, S. 83–85).
BEZZEL, E. (1985): Kompendium der Vögel Mitteleuropas. Nonpasseriformes. – Aula-Verlag, Wiesbaden.
KARENITS, O.: pers. Mitt. 1988 hinsichtlich Wanderfalke.

Polen:
KRÓL, W. (1983): The Status of Eagles in Poland. – Weltarbeitsgruppe Greifvögel, Bulletin 1: 61–67.
PIELOWSKI, Z.: pers. Mitt. 1988. WAG-Rundbrief Nr. 8 (1988) hinsichtlich Seeadler.

Schweiz:
HALLER, H.: pers. Mitt. 1988 hinsichtlich Steinadler.
SCHMID, H., Informationsdienst der Schweizerischen Vogelwarte Sempach: pers. Mitt. 1987.

Tschechoslowakei (ČSSR):
DANKO, Š.: pers. Mitt. 1987.
HUDEC, K. & V. MRLIK: pers. Mitt. 1988.

Ungarn:
BÉCSY, L.: pers. Mitt. 1987.
MEYBURG, B.-U. (1987): Greifvogelschutz in Ungarn. – Rundbrief Nr. 7 der Weltarbeitsgruppe für Greifvögel und Eulen e.V.

b) für die übrigen Bereiche Europas:

BAUMGART, W.: pers. Mitt. 1987 hinsichtlich Bulgarien.
CHANCELLOR, R. D. (1977): World Conference on Birds of Prey. Report of Proceedings. Vienna 1975. – International Council for Bird Preservation.
CRAMP, S. & K. E. L. SIMMONS (1980): Handbook of the Birds of Europe, the Middle East and North Africa. Vol. II. – Oxford University Press, Oxford.
GENSBØL, B. & W. THIEDE (1986): Greifvögel. – BLV Verlagsgesellschaft, München, Wien, Zürich.
GRÜNHAGEN, H.: pers. Mitteilung 1988 hinsichtlich Jugoslawien (speziell zu Wanderfalke).
HAM, I.: pers. Mitt. 1988 hinsichtlich Jugoslawien (speziell zu Seeadler).
HANDRINOS, G. & A. DEMETROPOULOS (1983): Greifvögel in Griechenland. – Efstathiadis, Athen.
MEYBURG, B.-U. & C. (1984): Present Status of Diurnal Birds of Prey (Falconiformes) in various countries bordering the Mediterranean. – Vortrag auf der IV. Intern. Konferenz über mediterrane Greifvögel in S. Antioco, Sardinien. (im Druck).
SAUROLA, P. (1985): Finnish Birds of Prey: Status and Population Changes. – Ornis Fennica 62: 64–72.
Weltarbeitsgruppe für Greifvögel und Eulen e.V. (1983–1988): Bulletins Nr. 1–3 und Rundbriefe Nr. 4–8.

Literaturverzeichnis

BEZZEL, E. (1985): Kompendium der Vögel Mitteleuropas: Nonpasseriformes – Nichtsingvögel. – Aula-Verlag, Wiesbaden.

BROWN, L. H. (1979): Die Greifvögel. Ihre Biologie und Ökologie. – Verlag Paul Parey, Hamburg und Berlin.

BRÜLL, H. (1984): Das Leben europäischer Greifvögel. 4. Auflage. – Gustav Fischer Verlag, Stuttgart, New York.

CADE, T. J. (1982): The Falcons of the World. – Collins, London.

ELLENBERG, H. (1981): Greifvögel und Pestizide. – Ökologie der Vögel 3, Sonderheft.

FISCHER, W. (1974): Die Geier. – Neue Brehm-Bücherei, Band 311. – A. Ziemsen Verlag, Wittenberg Lutherstadt.

FRIEMANN, H. (1985): Unser Wissen über Habicht und Mäusebussard und über ihren Einfluß auf Niederwildbestände. – Vogel und Umwelt 3:257–332.

GENSBØL, B. & W. THIEDE (1986): Greifvögel. – BLV Verlagsgesellschaft, München, Wien, Zürich.

GLUTZ VON BLOTZHEIM, BAUER & BEZZEL (1971): Handbuch der Vögel Mitteleuropas, Band 4. – Aula-Verlag, Wiesbaden.

HANTGE, E. (1980): Untersuchungen über den Jagderfolg mehrerer europäischer Greifvögel. – Journal f. Ornithologie 121: 200–207.

LOOFT, V. & G. BUSCHE (1981): Vogelwelt Schleswig-Holsteins, Band 2: Greifvögel. – K. Wachholtz Verlag Neumünster.

MÄRZ, R. (1987): Gewöll- und Rupfungskunde. 3. Auflage, neu bearbeitet von K. Banz. – Akademie-Verlag Berlin.

MEYBURG, B.-U. (1981): Notwendigkeiten und Möglichkeiten des Populationsmanagements bei Greifvögeln. – Ökologie der Vögel 3: 317–334.

NEWTON, I. (1979): Population Ecology of Raptors. – Poyser, Berkhamsted.

PORTER, R. F. et al. (1981): Flight Identification of European Raptors. 3. Auflage. – Poyser, Berkhamsted.

STUBBE, M. (1987): Populationsökologie von Greifvogel- und Eulenarten. Band 1. – Halle (Saale).

TROMMER, G. (1983): Greifvögel. Lebensweise, Schutz und Pflege der Greifvögel und Eulen. 3. Auflage. – Verlag Eugen Ulmer, Stuttgart.

WEICK, F. (1980): Die Greifvögel der Welt. – Verlag Paul Parey, Hamburg und Berlin.

Weiterhelfende Adressen

international:

Weltarbeitsgruppe für Greifvögel
und Eulen e. V.
Wangenheimstraße 32
D-1000 Berlin 33

in der BRD:

Dachverband Deutscher
Avifaunisten
Kantstraße 7
D-6050 Offenbach/Main

Deutsche Ornithologen-Gesellschaft
Senckenberganlage 25
D-6000 Frankfurt/Main

Deutscher Bund für Vogelschutz/
Deutscher Naturschutzverband e. V.
Am Hofgarten 4
D-5300 Bonn 1

Landesbund für Vogelschutz
in Bayern
Kirchenstraße 8
D-8543 Hilpoltstein

in der DDR:

Arbeitskreis zum Schutz vom
Aussterben bedrohter Tiere
Biologische Station Steckby
DDR-3401 Steckby

Zentraler Fachausschuß
Ornithologie und Vogelschutz der
Gesellschaft für Natur und Umwelt
im Kulturbund der DDR
Johannisstraße 2
DDR – 1040 Berlin

in Luxemburg:

Letzebuerger Natur-
a Vulleschutzliga
Postfach 709
L-2017 Luxembourg

in Österreich:

Arbeitsgemeinschaft
Wanderfalkenschutz
Österreich
Postfach 5
A-1093 Wien

Österreichische Gesellschaft
für Vogelkunde
Burgring 7
A-1010 Wien

in der Schweiz:

Ala
Schweizerische Gesellschaft
für Vogelkunde und Vogelschutz
Krähenbergstraße 53
CH-2543 Lengnau

Schweizerische Vogelwarte
Informationsdienst
CH-6204 Sempach

Verband Schweizerischer
Vogelschutzvereine
Fliederweg 2
CH-6438 Ibach

Register

♂ adult
Rohrweihe
♂ adult
♀ juv.
♀ adult
♂ adult
Wiesenweihe
♂ adult
♀ adult
♀ adult
♂ adult
Kornweihe
♂ adult
♀ adult
♀ adult

grau
Gerfalke
weiß
juv.
Wanderfalke
Baumfalke
adult
♀ adult
Rütteln
♀ adult
Turmfalke
♂ adult
♂ adult
♂ adult
Rotfußfalke
♀ adult
♂ adult
Merlin
♂ adult
♀ adult
♀ adult
♀ adult